U0145433

殯葬禮儀與實務

生命送行的領悟、需要練習的告別

張榮昌 著

推薦序

　　2023年7月14日凌晨，榮昌完成了他人生的第一本著作。為他二十三年的殯葬從業、兩年的大學教師生涯，留下了一個參與者與教育者的親身見證。猶記得兩年前，在文創所林爵士教授的推薦下與榮昌結緣，邀請他前來大仁科大生關系任教。今日有幸拜讀榮昌大作，欣喜本書即將付梓以饗更多讀者之餘，謹撰數語表達誠摯祝福。

　　眾所周知，殯葬業在臺灣的發展過程中，長期被視為闇黑的負面形象。而榮昌當時以一個初出茅廬的年輕人，能不畏世俗眼光堅定投入，從基層一路到副總、從實務知識到專業證照禮儀師的取得，甚而在高壓職場環境下，持續進修直至取得碩士學位。榮昌人生路走來的所感所思、所見所聞，在滿滿生命情感的文字作品裡，對於好奇殯葬業或者有志於殯葬業的朋友們，本書絕對值得您細細品味與珍藏。

　　不同於坊間純然以報導故事、抒發感想的短篇集結之作，榮昌此書從殯葬禮儀的制度面演進與實況介紹開始，而後進入生命故事、文化禁忌與禮俗、從業感想、教職與心路歷程的書寫，如此內容安排兼具知識性與閱讀性。特別是五十則生命故事所提及的：「與往生者同睡冰櫃區」、「直接睡屍袋」、「三教合一的喪禮」、「看見最美的愛情」、「七天後才尋獲的水底焊接師父」、「為了減肥而殞命的年輕女孩」、「陰陽眼的同事」、「壽終內寢的前衛老阿嬤」、「燒168億庫錢老地主」、「一百個房間紙厝的老里長」、「32萬殯葬費的法院傳票作證」、「沒有承辦喪禮的回頭件」……等個案描述深刻、生動。榮昌從一個穿著襯衫、打著領帶、提著公事包的殯葬禮儀從業人員，屢屢回應喪家「殯葬從業的人並不是黑道，只是講話比較

大聲而已」的禮儀師，到成為「半日功德昌」的魔鬼處長、副總經理。我相信，讀者們當可體會榮昌秉持「專業與服務態度才是王道」的職人精神。

大仁科技大學校長

郭代谶

自序

回想二十二年前，民國90年初，我為什麼會踏入殯葬業呢？說來還真是誤打誤撞。因為我之前就讀大專院校的時候，打工認識一位同事，因為他想要去殯葬業工作，我當時一聽是殯葬業的工作也嚇一跳，找我是要我陪他去禮儀公司應徵，當時我還想說：「大家朋友一場，就陪他去吧！」

記得那是位於九如一路和正義路口附近的龍譽國際有限公司，當時我還不知道原來這家公司就是臺灣生前契約龍巖集團的禮儀服務部門，因為我是陪朋友去的，所以應徵者在該公司會議室面試，我人就坐在外面。剛好有一位內勤行政小姐跟一位像是主管的人走出來，看到我坐在外面，就問我是否來應徵？我就如實回答說我是陪我朋友來應徵的。後來主管就說：「那既然來了，乾脆履歷表也寫一寫。」我還以為是因為當時的殯葬業應徵人員不容易，之後我才知道，原來應徵的人還不少，竟然是連續兩天的面試流程，簡歷寫完之後交給內勤行政，我就跟著最後進去面試。因為我是陪我朋友來的，所以我沒有錄取的壓力，也忘記當時面試主管問我哪些問題。我突然想到十多年前我外婆過世的一些經歷，我就很自然的回答，而我竟然錄取了！真是名符其實的「無心插柳柳成蔭」。

雖然知道很辛苦，但因為薪資待遇不錯，之後我就遞辭呈予當時的東家。報到前我回到屏東老家，告知父母親我要去殯葬服務業工作，當時我母親是持非常反對意見的，最後家父跟家母說：「又不是殺人放火，還是個正當行業，要做什麼就讓他做吧！反正他有興趣。」我心裡頭OS：「我不是有興趣耶！我是看在薪水還不錯的份

上，才去從事當時非常封閉，也非常忌諱的一個行業。」

幾天後，我就到當時龍巖集團在桃園南崁的總公司報到。公司安排我們所有全臺的受訓人員住在公司附近的汽車旅館。當時我就很好奇，晚上還特別問了櫃檯，我們汽車旅館最好的房型是什麼樣的？櫃檯小姐就給我們看了房間型錄照片說：「有按摩浴缸的就是最好的房型。」我們住的不就是有按摩浴缸的嗎？原來公司給我們新進受訓員工住的是該汽車旅館最好的房型，當時還想：「果然是殯葬業的龍頭公司，真捨得投資訓練成本在員工身上。」各位看倌可能會覺得我們去受訓只是教授書上的專業禮俗、習俗，以及喪禮流程的規劃，其實不然。當時我們早上6:00 Morning Call起床；6:30集合在附近的國小晨跑，而且是3,000公尺。我就納悶，當時接到報到通知單上還註明要帶運動服、運動鞋，原來……。

用完早餐後著裝完畢（穿襯衫、打領帶、穿皮鞋、整套西裝），到總公司一樓大廳練習站姿，而且一站就是一個小時。當時所有同仁根本不敢亂動，剎那間好像回到了服兵役新訓中心的年代。於是我就這麼從民國90年底，開始從事當時臺灣社會仍然覺得是下九流的行業，一個月後轉職到「萬安生命」，民國108年離開東家到大仁科技大學生命禮儀暨關懷事業系任教，至今並未脫離殯葬業，我仍然自詡為殯葬從業人員。

順人性做事，逆人性做人。寫書的過程當下，我也抱持著不能只報喜而不報憂，只修飾寫我們自己的好，對自己犯的過錯、做錯的事也該面對。我並不是完美的人，但盡可能做到「顏回不貳過」的精神態度。有時信手拈來三千字；有時頭痛欲裂、絞盡腦汁才三行字。我一直在掙扎要用比較嚴肅，還是比較詼諧的方式；亦或是感情的角度，來做文字敘寫？後來考量現實的狀況，用內斂沉穩、取中庸之道的模式寫。我不想寫得太過於悲傷。人生苦短，畢竟世上難過的事情已經太多太多了，我希望大家快樂點。只是時不我與，有時會偏離主

題。畢竟我不是專職作家，所以各位讀者千萬不要有期待，有期待就可能會失望。況且除了論文以外，這也是我寫的第一本書。假設書的銷量差強人意，再繼續第二本未竟寫完的生命故事。而一直想寫一本有關南部喪葬禮俗、習俗相關的書，再不留下文字紀錄，可能有些殯葬文化將消失殆盡，有時間再與資深前輩討論合著。

　　書中內容從何謂殯葬禮儀服務業開始經歷過的生命故事；有些是喪禮承辦過程真實發生的感人故事；有些是生離死別的愛情；有些是周遭同事發生的事情；又有些是現今科學也無法解釋的情況；一直寫到喪葬民俗禁忌；最後是從業期間的感想、心路歷程；當然也寫了一些在學校任教的真實寫照。但是畢竟有部分是悲傷的故事，只是寫著寫著有些故事又牽涉到亡者與家屬的個人隱私，心裡頭很是掙扎，到底當留還是不當留？確實是人性的考驗。不少故事雖然寫了，但最後我刪掉或修改，因為我覺得這是家屬心裡的一根刺與痛。這些悲傷的回憶，我怕他們看到又勾起曾經難過、比悲傷更悲傷的往事。

目錄

chapter 3 **文化禁忌與習俗**

附錄　殯葬禮儀從業暨教職感想心路歷程

chapter 1

殯葬禮儀

💬 禮儀師

殯葬管理條例第45條：殯葬禮儀服務業具一定規模者，應置專任禮儀師，始得申請許可及營業。

殯葬管理條例第46條：具有禮儀師資格者，得執行下列業務：

1. 殯葬禮儀之規劃及諮詢。
2. 殯殯葬會場之規劃及設計。
3. 指導喪葬文書之設計及撰寫。
4. 指導或擔任出殯奠儀會場司儀。
5. 臨終關懷及悲傷輔導。
6. 其他經中央主管機關核定之業務項目。
7. 未取得禮儀師資格者，不得以禮儀師名義執行前項各款業務。

禮儀師管理辦法第2條：具備下列資格者，得向中央主管機關申請核發禮儀師證書：

1. 領有喪禮服務職類乙級以上技術士證。
2. 修畢國內公立或立案之私立專科以上學校殯葬相關專業課程二十學分以上。
3. 於中華民國92年7月1日以後經營或受僱於殯葬禮儀服務業實際從事殯葬禮儀服務工作兩年以上。[1]

💬 殯葬禮儀服務業鼻祖

約西元前1043年，周武王駕崩，由姬誦繼位是為周成王，周公

---

[1] 全國法規資料庫：殯葬管理條例。線上檢索日期：2021年11月15日。網址：https://law.moj.gov.tw/LawClass/LawAll.aspx?pcode=D0020040

攝政，爲了鞏固周朝的統治，對政治文化實施行了全面的改革，尤其是「制禮作樂」，從禮儀、道德規範以及朝綱典章制度等，訂定了完整的禮儀施行辦法制度，在中國歷史上繼往開來，影響甚爲深遠的周朝禮樂文化制度，啟蒙了先秦的儒家思想。

周禮主要分爲八大類：

1. 吉禮（宗廟祭祀方面的禮儀）。
2. 凶禮（死亡喪葬方面的禮儀）。
3. 賓禮（邦國外交方面的禮儀）。
4. 軍禮（戰爭軍事方面的禮儀）。
5. 嘉禮（喜事慶典方面的禮儀）。
6. 幼禮（教育年少幼童的禮節）。
7. 尊師禮（尊敬師長的禮節）。
8. 養老禮（敬重老者的禮節）。[2]

至周朝式微，中國歷史進入春秋戰國時代，儒家思想的始祖孔子傳承了周禮文化。「儒」，人之所需也，而這個「需」字就包括婚、喪、喜、慶的儀節概念。茲因十里不同風百里不同俗之故，傳統農業社會均以有功名之秀才以上操辦喪禮、婚慶，而儒家禮儀中的「哭喪」也就是「替哭」，亦即現代五子哭墓、孝女白瓊的由來。

儒家是以爲人辦喪事作爲職業的，對喪葬禮儀尤其重視。孔子的儒家喪葬思想是以孝道和仁愛爲基礎（鄭志明、鄧文龍、萬金川，2012）。孔子一生爲克己復禮而努力，希望人民像周朝那樣講究禮

---

[2] 重新認識周公「制禮作樂」的歷史貢獻和現代意義。線上檢索日期：2022年01月02日。網址：https://kknews.cc/history/r5kq8gv.html

儀，孔子爲殯葬業做出的貢獻，史上無出其右，自然也就成爲殯葬祖師爺。[3]

☺ 禮儀師對悲傷輔導的重要性

　　身爲殯葬禮儀服務業的禮儀師，不能只知道如何做，卻不知道爲何而做，以及爲什麼如此進行的原因更應了然於胸；更要學習面對死亡、了解死亡，心懷感恩，除了喪禮儀式及宗教儀式的流程安排以外；更需協助喪家心理的靈性關懷與悲傷輔導；更應爲喪家的教育者，延續倫理孝道的觀念，才能當個稱職的禮儀師，不負國家級考試合格的喪禮指導者（Funeral director）。萬物皆由出生即開始走向死亡，只有坦然不迴避地學習面對死亡的態度，才更能體會臨終者心情之境界。

　　殯葬禮儀服務業需滿足不同價值觀、感情觀之芸芸眾生，唯有感恩的心，方能遊刃有餘執行禮儀師臨終關懷、悲傷輔導的業務職掌。喪禮沒有是非、善惡、對錯，只有適合與否。面對人終須一別的必然，坦然生離的遺憾與無奈，學習死別不去虧欠與後悔，萬緣放下、了無牽掛、榮登善終，瀟灑地轉身離開，相信即使死亡的到來，仍然可以含笑而終的釋懷當下，單就禮儀師喪禮承辦服務的內容來說，於喪禮過程中許多的流程儀式，對於家屬喪親之痛，有一定程度的悲傷撫慰功能。學生認爲，尤其以家公奠禮（俗稱告別式）更能舒緩喪親的悲傷。爲數十年的緣分做最後一次正式的道別，也是華人固有倫理

---

[3]　我說孔子是殯葬業鼻祖，你信嗎？線上檢索日期：2022年04月25日。網址：https://kknews.cc/other/5n9y8g6.html

輩分孝道充分展現的儀式，因此喪禮服務禮儀師所負責的服務範圍，當然會比喪家親友對悲傷輔導所認知的更為多元寬廣。也因為對禮儀師有著基礎信任感，對禮儀師的悲傷輔導相較心理諮商師的陌生感，更能切入喪家的心靈深處，獲得實質上靈性關懷的助益。（張榮昌，2022）

💬 鏡子

1. 什麼職業？你對客戶真心的付出，可以換來真誠的回饋。
2. 什麼職業？你服務圓滿完成後，客戶家屬要把房子、土地、存款過戶給你。雖然不敢同意。
3. 什麼職業？流程圓滿結束後，客戶主動要把女兒或孫女介紹給你當女朋友。雖然不能接受。
4. 什麼職業？你賺了錢，還會讓你的客戶發自內心深處真誠的感謝。
5. 就像照鏡子，我們對著鏡子笑，鏡子反射出來的也是對著我們笑；我對著鏡子哭，鏡子就對著我哭；我凶，鏡子也對我凶。
6. 相信各位看倌都應該知道，答案就是——殯葬禮儀服務業（JZ99151）。

💬 哪個地方不死人？

多年前，某中央級部長因為所屬單位人員因公發生意外身故，在媒體採訪時脫口而出：「哪個地方不死人？」這句話坦白講是事實，只是不適合在那個時間點在公開場合說。

本來人從出生就開始走向死亡，只是這條路走多久而已。然而大多數人選擇避而不談死亡，甚至覺得是禁忌，尤其以華人地區更視其為洪水猛獸，只要晚輩對長輩提及死亡的議題，討論後事想要如何

圓滿處理，不僅會飽受責罵、責難，可能也會被冠上「要分財產、不孝」的罪名。其實事先了解老人家的想法，如遇喪事不是更能符合亡者需求信仰與期待值嗎？

對與錯

　　現代殯葬禮儀，已經沒有所謂對錯好壞之分，只有合不合適、恰不恰當的問題。讓治喪家屬及家族長輩都能接受的方式，只要不違反殯葬管理條例的規定，在技術上又可以克服，那麼就會是一場合宜的喪禮儀式。只是重點在於，對於人死亡之後究竟魂歸何處、去了哪裡？到目前為止科學都無法提出切確的論證。最簡單的做法就是，從事殯葬禮儀服務業的人員如何圓滿自己至親的喪禮、一般社會大眾比照辦理，我想未來就不至於發生遺憾。

殯葬禮儀

　　正式的殯葬禮儀，區分為「殯」與「葬」。早期臺灣農業社會的殯葬服務侷限在「殮」、「殯」、「葬」三個層面。但隨著近幾年大專院校生命科系的設立與生命教育的推廣及影響，目前殯葬服務的面相向前後延伸為「緣」、「殮」、「殯」、「葬」、「續」五個殯葬禮儀服務流程。

1. 緣：臨終關懷與消費者洽談喪禮服務內容，簽訂殯葬服務生前契約。
2. 殮：大體接運、洗身、穿衣、化妝、入殮、封棺打桶。
3. 殯：依照亡者、喪家宗教民間信仰，辦理各種宗教儀式及科儀。燒紙紮、庫錢；舉行家公奠禮、追思儀式。

4. 葬：為亡者擇日舉行土葬，或火葬後骨灰罐進塔安奉。
5. 續：悲傷輔導、後續關懷，並協助家屬對亡者百日、對年之誦經
   祭祀與合爐儀式。

💬 生命禮儀

　　荷蘭學者范根納普（Arnold Van Gennep，1873-1957）指出，某一個人在其生命過程中，從一種社會地位轉向另一種社會地位時所舉行的禮儀稱之為「生命禮儀（rites de passage）」。[4]

　　在華人世界中，人生中最重要的四大生命禮儀分別為成年禮、婚禮、喪禮、祭禮。成年禮與婚禮，是人在生時所舉辦的；喪禮及祭禮，是人在死後舉行的。基本上喪禮、安頓亡靈，以及宗教儀式，有著密切關連。

　　中華文化受孔孟儒家思想觀念影響，至西漢武帝接受大儒董仲舒的建議：「罷黜百家，獨尊儒術。」將儒家思想列為統治的主流派。《論語‧為政》中，孟懿子問孝。子曰：「生，事之以禮；死，葬之以禮，祭之以禮。」用白話文解釋是：孔子說：「父母活著的時候，要按禮節來侍奉；死了之後，要按禮節安葬，也要按禮節祭祀、感恩、追思、懷念。」《論語‧先進》中，季路問死曰：「敢問死。」子曰：「未知生，焉知死？」這句話意思是，生的問題都還悟不透，如何知道死呢？每次講到死亡的議題，都會提到《論語》，我想孔老夫子應該很煩了，讀者更煩、更悶吧？但卻又不得不提，因為這是華

---

[4] 生命禮儀。線上檢索日期：2022年06月28日。網址：https://www.newton.com.tw/wiki/%E7%94%9F%E5%91%BD%E7%A6%AE%E5%84%80

人生命禮儀的基礎概念。

作者個人卻覺得「未知死，焉知生？」如果我們無法透徹了解死亡的無可避免與意義，又如何活出生命的價值？殯葬禮儀的精神是在維繫倫理孝道的儒家思想，以現代治喪來說，已漸進式的產生所謂的標準流程，當然還需依照家族個別情況，並考慮喪家的宗教信仰及地方習俗；也需要配合喪家的經濟條件及想法，來微調殯葬禮儀流程。

整體治喪過程中，禮儀師在喪家親人驟逝、心慌意亂的時候，一步步協助完成喪禮的宗教科儀、禮俗儀節，在每一個流程中都能讓家屬做到「好好道別」，也是在療癒家屬，不讓其留下遺憾。絕大多數的人對於「死亡」是陌生的，就禮儀從業者與家屬的關係而言──「禮儀師的每一次都可能是家屬的第一次」。禮儀師處置的是遺體，療癒的是喪家及參與親友的心。喪禮是一個人生命中最重要的一場儀式，能夠帶給家屬一段值得深藏的記憶、一場正式的告別，其餘生才能坦然面對、才能放下。

💬 喪禮服務的真諦

喪禮服務也是一種商業行為，必須建立在平等互惠的原則，以及相互尊重的條件下完成。「職業良心」是所有商業行為的必要行規，不是附加條件。殯葬業者提供喪禮用品、人力付出、服務成本，並獲得家屬的期待值而獲取相對應的報酬，是合情、合理、合法的。

尊重多元、性別平等、兩性平權的生活方式與殯葬儀式，才是倫理孝道傳承與社會和諧的根本。十八世紀法國思想家、作家、政治理論家盧梭曾說：「人生而自由，卻又無往不在枷鎖之中，而枷鎖就是平等尊重。」

⊙ 想通

踏入殯葬禮儀服務業，於前東家報到的第一天中午，學長丟了一副外科用橡膠手套給我，竟讓我跟著他協助驗屍。我才上班不到四小時就叫我驗屍？活了三十年，從小到大接受的家庭教育、社會教育，甚至學校教育都告訴我們：對於死亡是未可知的，要避談、要迴避；因為不了解所以會產生恐懼。

大男人會不會害怕？我老實講：當然還是會害怕啊！當驗屍時，大體赤裸裸地躺在我面前的推床上，看到會害怕、觸摸更驚恐，何況還要協助法醫翻身相驗並拍照取證。最後為了面子問題，強忍心中的恐懼完成相驗遺體的作業。因為態度尚稱從容，事後學長還告訴我通過測試了。當下的我只是把害怕隱藏在背後，內心其實有著波濤洶湧的恐懼，久久不能自己。就這麼度過上班的第一天。時隔三天，就參與了人生第一場為亡者的洗身、穿衣、化妝。由於戴著手套且不熟悉作業，心裡忐忑不安的緊張情緒讓我狀況連連，導致在將亡者手臂抬起，欲穿進壽衣衣袖時，一不小心手滑，將亡者手臂摔到了推床上。我嚇傻了！學長要我雙手合十，趕快向亡者致歉：「我不是故意的。對不起！」

儀式結束後，學長帶我去抽菸、撫平情緒。因為按照經驗法則，第一次參與亡者洗、穿、化後，會是能否繼續從事殯葬業的關鍵。還問我「明天是否會來上班？」當時的我回答不出來。當天晚上尚未開始值班，下班後還沒有人可以訴說第一次洗身的經驗，我也只能獨自處理心中的情緒。歷經一晚我想明白了，亡者不會害我們，反而是我會不小心傷害了亡者；死者並不可怕，活著的人才可怕。想通了這一點後，我不再恐懼害怕，坦然面對往後的喪禮服務，就這麼持續近

二十三年的殯葬人生。

☺ 殯葬禮儀治喪流程

一、初終協商──往生者暨家屬資料與信仰
1. 禮儀人員服務項目說明。
2. 治喪流程完成時間預定表。
3. 臨終須知。
4. 所需證件及物品。
5. 居家守喪禮節及民俗禁忌說明。
6. 治喪流程時間預訂表。

二、第一階段治喪協調
1. 擇日。
2. 大體安置──冰存或先行入殮、封棺打桶。
3. 設立靈堂──豎立靈位牌。
4. 早晚拜飯──叫起叫睏。
5. 出殯場地確認──訂告別奠禮禮廳、火化爐時間。
6. 訃聞撰擬及印製。
7. 做七誦經及供品明細。
8. 功德法事儀節。
9. 喪葬費用收費標準。
10. 納骨塔方位擇定／墓地堪輿。

三、第二階段治喪協調

1. 禮儀用品（奠禮會場花山花海、棺木、壽衣、骨罐、孝服）。
2. 禮儀用品（回禮毛巾、紙紮、庫錢、靈車、車輛……）。
3. 奠弔物品（供品、餐點、水果籃、毛毯、罐頭塔、花卉、花籃、蘭花……）。
4. 個性化商品（追思大牆、追思回憶光碟……）。
5. 陣頭（開路鼓、牽亡歌仔團、孝女白瓊、五子哭墓、三藏取經、舞龍、舞獅、鼓號樂隊、長孫轎……）。
6. 家屬規劃（生平事略、感恩文、奠文、追思小卡、摺蓮花元寶、鮮花籃、紙鶴……）。
7. 親友致贈奠禮物品分類。
8. 各地習俗一覽表。

四、第三階段治喪協調

1. 治喪事項流程排定。
2. 奠禮工作職掌分配表。
3. 家奠禮。
4. 公奠禮。
5. 出殯發引。
6. 火化、安葬。
7. 返主。
8. 晉塔。

五、最後治喪協調

1. 與家屬再次確認流程。

2. 奠禮物品確認。

3. 圓滿禮成。

4. 喪結。

💬豎靈拜飯家屬應備物品表

1. 盥洗用品（臉盆、毛巾、香皂、牙刷、牙膏、漱口杯）。

2. 鞋子一雙（勿用皮鞋），布鞋或拖鞋即可。

3. 外衣、外褲（裙）一套，需乾淨且無破損。

4. 亡者兩吋底片、光碟片或照片（製作遺像用）。

5. 死亡證明書（正本）一張（申請火化許可證用）。

6. 直系親屬身分證影本（申請火化許可證用）。

7. 填寫主事生辰表及家屬名單（擇日及印訃聞用）。

8. 上午拜飯時間約09:00；下午拜飯時間約16:00。

如為自宅入殮打桶者，請先準備下列物品（3或5公斤白米）；如為冰存者，下列物品請於出殯前備好。

1. 陪葬衣物四套（春夏秋冬四季）。

2. 手尾錢（1、5、10元硬幣約1,000至2,000元）多寡自訂；現代亦可用雙數紙鈔為之。用紅包袋裝好（以幾房區分或以家眷人數區分）。

3. 如中午12:00以後往生，準備紅包米（7至8分滿），數量為「家中孝男人數＋長孫＋亡者本人」。

4. 如時間允許，可準備九朵不含座蓮花放棺內（正信佛教）。

⊙ 家屬服喪期間注意事項

1. 家中有神明或祖先位（在外治喪，神明桌不用遮），請將長明燈電源拔除，並於治喪期間停止一切祭拜，對年內不拜天公亦禁止進出廟宇（道教：如天公廟、媽祖廟、關帝廟等），佛寺、土地公廟可去。出嫁女兒百日後恢復日常生活，到靈堂勿穿拖鞋、短褲。

2. 家中騎樓、陽臺、客廳的燈光需二十四小時開啟到出殯圓滿止，房間燈可關閉。

3. 示喪單（男嚴制、女慈制，或喪中、忌中）視家屬需求；在外承辦可免。

4. 家中春聯及春、福等請撕除（出殯圓滿後再貼）。

5. 勿到親友家中拜訪，盡量深居簡出、衣著樸素、粗茶淡飯（盡可能吃素或方便齋）。

6. 孝家眷勿修剪指甲、頭髮、鬍鬚；女性請勿化妝及戴戒指、手鍊、項鍊。婚喪喜慶均不宜參加，過百日後婚喜慶可參加，對年（一年）內喪事不可參加，但禮金（紅、白包）均可託人代送或郵寄。

7. 女性生理期不便時，亦可祭拜先人，民俗的做法是指對道教神明。

8. 自宅治喪期間，不可用掃把掃地，只可用手撿拾。

9. 治喪習俗一般以南部地區為主，家屬或長輩需調整的，煩請先行協調之。

⦙⦙⦙ 出殯圓滿後民俗上應注意事項

1. 出殯後，可除孝誌。當日家屬可剪髮、指甲、剃鬍、修整儀容。

2. 神主牌位請回家中供奉者，每日早晚上香並供一杯水，每逢農曆初一、十五仍需為往生者早晚拜飯（不用臉盆水），至對年合爐止。

3. 百日可自行祭拜燒銀紙，亦可請師父持誦百日經文。

4. 先人往生一年內，如遇民間傳統節慶需祭拜祖先（如除夕、清明、端午、中元、中秋、重陽等），往生者均提前一天祭拜，祖先則照常於節日當天祭拜。因往生者只一位，祭品份量可減少。一般祭拜時間為午時之前為佳。

5. 先人往生一年內（對年合爐前）不宜過節慶祝（如春節過年，家屬不買及做年糕、湯圓；端午節不宜買及包粽子；中秋節不宜買月餅），需由親友餽贈，家屬需回謝禮（如白糖、冰糖、味精等日常用品）。

6. 年初二，出嫁女兒需摺蓮花九朵或買蓮花金、銀，帶回娘家當伴手禮，至年初三與兒子準備之紙錢一起燒化給先人。

註：1. 百日祭品：白飯一碗、菜碗六碗、筷一雙、酒杯裝水或酒一個、三牲一付、四果、鮮花一對；紅圓、發糕各六粒；九金、銀紙。

　　 2. 對年祭品：白飯一鍋、菜碗六碗、筷七雙、酒杯裝水或酒七個、三牲一付、四果、鮮花一對；紅圓、發糕各六粒；九金、銀紙稍多些；蓮花金、銀各三支。

　　 3. 如需代請師父或道士合爐，可聯絡原承辦禮儀師。

以上做法是高雄地區之一般習俗，如有不同，請以地方之耆老建議並協調為之。

chapter 2

生命故事

人生就像打電話

　　人生就像打電話——不是你先掛、就是我先掛。

　　許多人無法接受、面對死亡議題，其實這是正常不過的事。因為全臺約有四千家禮儀公司，近兩萬多的從業人員，不是每個人都會常常接觸死亡，而且重要的是，對於亡者及家屬而言，因為我是非親屬的承辦禮儀師，因此才能從容不迫、心思縝密地，協助喪家完成其至親身後事。從事殯葬服務業二十多年後，我也得面對至親的突然離世，一樣會茫然、會不知所措，所有的殯葬專業瞬間遺忘，因為當下我已不再是禮儀師，而是有了親情繫絆的孝男。

　　許多人總覺得來日方長，卻忘了世事無常。只是從事殯葬禮儀服務業二十三年，即使到學校任教後，仍無法深刻的體會。近一年才驚覺這兩句話之真諦：「來日並不一定方長，世事卻一定是無常」、「後會可能就是無期，今日一別再不得見」。病痛折磨、藥石罔效，人之脆弱生命短暫，況且意外無所不在。總是以為還有時間，卻不知天人永隔後，還能為他做些什麼？珍惜擁有世間緣分，感恩遇見、銘記五內，無怨無悔、無欲無求。所有的緣分，到最後一人一格塔位，你躺你的、我躺我的，可以想得通，卻不一定能看得開。

您睡您的　我睡我的

有次連續接案數夜不得寐。當日夜晚值班，休息前我雙手合十，對著冰櫃內往生眾大德拜了三拜說：「各位往生大德，阿伯、阿叔、阿姆、老爺、大娘、大姊、弟兄姊妹。我是往生室的工作人員張榮昌，因為天氣真的很熱，只有冰櫃區有冷氣。我已經累了好幾天了，麻煩借用一隅之地休息。您睡您的、我睡我的。」之後躺椅一躺，五秒立即睡著。

另外，還記得有一次是寒流來襲值班，半夜休息越睡越冷，只好拿屍袋當睡袋用。說真的，屍袋真的是不透風還蠻暖和的。還沒緩過來之時，我又想起陳年往事：

在前東家新單位某醫院往生室任職禮儀師，新招標醫院因為合約需要分區整體維修，整個往生室因裝修而雜亂不堪。但往生室不可能停業兩個月裝潢，只能分區、分段施工。適逢仲夏天氣異常炎熱，裝修初期需拆除舊裝潢，重點是都尚未裝設冷氣，只有冰櫃區有裝設冷氣，因此最為涼爽。而因為佛教信仰，剛往生大德不宜直接冰存；更因為人道立場，怎麼可能在人剛往生尚有體溫的情況下就冰存，將心比心，我們也於心不忍，所以我值班晚上接運至往生室的往生大德，只能暫時安放於有冷氣的冰櫃區前面空間聽六字真言念佛機，待八小時後隔日清晨再行入冰櫃。

單獨連值兩天班的我，白天黑夜一番作業下來早已疲憊不堪，只能拜託眾大德商借休憩之地。拿著醫院院內電話無線分機，就這樣各眾弟兄姊妹陪我睡了無數個夜晚，於是我直接把躺椅搬去冰櫃區。

我直接睡大體群旁邊，只差沒拿往生被來蓋。我第一次在冰櫃區睡覺當晚還平安夜ㄟ，一覺到天亮。最氣人的是，白天來上班的同事小A妹妹到冰櫃區一看，大喊一聲：「昌哥怎麼也死了躺在這裡啊？」

　　我自己也被她的叫聲驚嚇醒來，「小聲點啦！小A，是不知道只有這裡有冷氣膩？我昨天值班，又累又熱，只想好好休息，於是我才不管三七二十一。」

　　小A妹妹說：「三八二十四。昌哥，您太委屈了。」

　　我說：「還三八一朵花咧！我不委屈，睡飽了又是一尾活龍。」

　　小A妹妹說：「我終於知道為什麼昌哥可以績效這麼好了，原來昌哥的過人之處，就是有異於常人的膽子。」

　　嗯哼！果不其然，十多年之後，我因為膽結石做了膽囊切除手術，所以之後我都自稱我啾沒膽ㄟ，我還真的是沒膽了。

　　事後跟許多人，尤其是在大仁科技大學生命禮儀暨關懷事業系任教時的學生提起這件事，大家都感到不可思議，我怎麼敢與往生者同室而寐？膽子也太大了；還說難怪我會升到主管職。但現在的我不是膽子大，而是沒膽了。

怕牙醫電鑽聲的張阿伯

在一般人的觀念中，最怕的還是大體，唯獨殯葬服務業的從業人員不怕大體是第一要件。雖然我們還未到白髮蒼蒼、齒牙動搖的程度，偶爾也是需要去看牙醫的。猶記得有一次去看牙醫，當牙醫師的電鑽啟動，因為緊張就全身冒冷汗，還被牙醫師酸。

牙醫師說：「一個大男人看個牙醫還會緊張到冒汗，也太那個什麼了點吧？」

我說：「不好意思，我什麼都不怕，但是聽到牙醫設備小電鑽聲我就不由自主的全身冒汗。」

牙醫師：「最好是啦！騙誰呀！什麼都不怕？我就不相信你不怕死人。」

我說：「醫師，不好意思，我還真不怕。我是做殯葬業的。此時我立即拿出我的名片交給牙醫師，嘿嘿嘿！醫師，我的名片記得收好哦！」

看得出來，此時醫生的表情好像吞了一整顆滷蛋，頭頂幾隻烏鴉飛過。

牙醫師：「你還真不怕死人。」

我：「那當然，不然怎麼從事殯葬業這麼多年。」我心想：「平常名片還不太好遞得出去，結果我們牙醫師羊入虎口，還不得不收勒！」

數年後，牙醫師的內祖父過世還打電話給我，請我協助處理。只是治喪期間所有家屬都知道：張先生天不怕、地不怕，就怕牙醫的電鑽聲。

後來家族裡小朋友都叫我：「怕電鑽的張阿伯。」

小朋友，拜託你們幫幫忙，叫我叔叔就算了，可以別叫阿伯好嗎？

殯葬業都是黑道嗎？

承辦服務的許多家屬都會問我：「張先生，你們殯葬業都是黑道嗎？」

我莞爾笑了笑回問：「大哥、大姊，您覺得我像嗎？」

大嫂笑笑回：「就是因為不像我們才敢問你啊！如果你像黑道，我們也不敢問啊！」現場所有家屬都笑了。

我回說：「好險我貌似忠良，其實一肚子壞水。沒有啦！開玩笑的。」接著我又說：「偷偷告訴你們喔！其實我全身刺青，左青龍、右白虎、前朱雀、後玄武；龍頭在胸口、展翅在膏肓；人擋殺人、佛擋殺佛。」

「蛤啊？真的假的啦？張先生。」

我：「當然是假的啦！刺青是藝術吧？不一定就是所謂的『壞人』啊！」

治喪過程真的很難得有這麼輕鬆的場面。其實二十一歲退伍的那個月我去刺青，還好沒傳說中的痛啊！左手臂青龍剛刺了一點，突然想起來服兵役前答應媽媽：無論做什麼事，就是不能刺青。慘了！

我：「大哥，我不刺了，幫我打掉。」

刺青師父：「蛤？是怎麼了嗎？應該不會很痛啊？還是你覺得我刺的不好？」

我：「都不是啦！真的很抱歉！我突然想起來，當初有答應媽媽不能刺青。」

當下我才明白好痛啊！雖然刺青不太痛，民國81年的技術燒掉

刺青才是真的痛。幸好剛剌而已，不然可能會痛到我懷疑人生。但是殯葬業的從業人員都是黑道嗎？我要再次重申：當然不是，我們只是說話比較大聲而已。因為有時候沒有麥克風的情況下，我們需要說吉祥話、發引的時候要引導行喪隊伍，說話哪能像蚊子飛一般的小聲，眾家屬、親友會聽不到我的引導口令。而且因為本身特殊的服務業屬性關係，總不成穿得太花俏吧？所以當然會穿著比較深色或素色，而黑、白兩色就是最素色的。不是穿著黑色的衣服他就是黑道或是黑社會。

　　全世界所有的國家，無論種族、區域、膚色、語言、制度……等，都會有一個共通點，那就是都存在著黑社會。在日本的黑道甚至是合法存在的職業。黑道本身並沒有錯，這是屬於一個國家或地區的地下秩序，當檯面上的問題無法解決，就需要檯面下的運作處理方式來解決。只要盜亦有道，不欺壓善良的平民百姓、不與民爭利，我個人真的覺得也沒有什麼不對。

　　我就認識幾位大哥，說話溫文儒雅、待人有禮、穿著得體、應對得宜，而且頗富商業頭腦，開口跟我討論如何充分利用藍海策略，而非紅海方式的削價惡性競爭，不說也只會認為他是某公司的專業經理人或負責人而已。何況只要有利益的產業、行業或區域，試問哪個產業、行業以及地區沒有灰色地帶？

比孝男還要孝男

記得剛升任禮儀師有著滿腔服務的熱誠。一次服務個案在殯儀館寄棺室，每位亡者都是一間一間隔壁緊鄰的靈堂。豎靈幾天後，我去服務案件的靈堂擦靈桌、清理環境。

幾天後，隔壁亡者的家屬突然對我說：「先生，可以冒昧地請問你嗎？」

我說：「可以啊！請問您有什麼事？」

那位大姊說：「我觀察你好幾天了。請問你是家屬還是禮儀公司的人？你穿西裝、襯衫打領帶，像禮儀公司的；可是你的行為又很像是孝男。」

我：「我的行為像孝男……？」當時很無言，難道我的運勢有那麼差？還是我印堂發黑呢？「這位大姊，我是禮儀公司承辦這位老人家喪事的禮儀師，請問您怎麼會這麼認為呢？」

大姊：「因為我每次一早來拜飯，你都已經在現場擦靈桌、上香、清理……我們都以為你是孝男。」

我：「喔！我不會來『沾醬油』，都是來『做泡菜』的，不會來一下就走了。」（比家屬早到，比家屬晚走的承辦態度）

大姊：「那這樣你比孝男還要孝男耶！」

我立馬無語，心想：「比孝男還孝男？」幸好我是本業沒什麼禁忌，不然就抓狂了。

大姊喃喃自語：「我承辦的葬儀社怎麼做不到這樣子？我沒兄弟，先父沒有兒子，有一個比孝男還孝男的禮儀師應該比較好喔！我

們可以換你承辦嗎？」

　　我當時雖然○○××，但還是人會飄。有案件上門幹嘛不接？只是當時我才剛升禮儀師，要如何承接服務到一半的案件？於是我打電話詢問當時單位的處長54哥，把我與家屬的對話內容大致陳述。

　　54哥：「斷頭案件要對方禮儀公司與我們到殯葬管理處服務中心辦理交接，變更亡者承辦公司。入殮了沒？頭七了沒？骨罐選定刻字了沒？什麼時候出殯？禮廳出還是靈前出？哪一家葬儀社承辦的？」

　　我：「嗯！54哥，我也不清楚。」我問：「什麼是零錢出？為什麼不是紙鈔出？」

　　54哥：「什麼都不知道還問我？什麼零錢出？是靈前出殯啦！先去查清楚、問清楚再打給我。」

　　喔！靈堂前出殯。我這個菜鳥禮儀師又被霹靂啪啦、海削臭罵一頓。於是我回靈堂問那位大姊。

　　我：「54哥，我問家屬了。已入殮停棺，昨晚頭七，今天第七天；骨罐選定刻好了，四天後出殯；○○葬儀社辦的。」

　　54哥：「昌仔，我問你，人家差不多該做的都做了，是能跟家屬開多少費用？你接這個案件是要幹嘛？你頭殼壞掉！除非那家葬儀社犯了不可原諒的錯誤，而且讓人家葬儀社案件『斷頭』，會以為你在撬他的案件，要衰好幾個月，人家不跟你拚命才怪。不能接手！婉拒家屬就好。」

　　於是我很委婉地拒絕家屬。之後雖然在靈堂遇見的那位大姊仍然會跟我打招呼，詢問我一些問題，只是我不太方便回答，只能與她閒聊化解尷尬，這就是殯葬業的潛規則。

三教合一的喪禮

2003年剛升任禮儀師滿一年就接到棘手的服務個案，亡者是一位老阿公，而老阿嬤身體還很硬朗。他們兩位都是受洗的信義教會所屬基督徒。家中生有一子、二女均有婚姻及子女，長子排行老二，上有姊、下有妹。初步介紹完家屬家族人員結構。

但重點來了，長子的信仰是屬於道教民間信仰，平時常常會跑宮、廟、壇，家中供奉王爺並常參與進香團；其姊妹則潛心修佛、皈依佛法僧三寶，平時茹素。結論：老先生的後事到底該用什麼宗教進行呢？

各位看倌，我這個菜鳥禮儀師，請教了兩位師父，也請教了不知凡幾的同業、學長，得到的答案都是：以亡者信仰辦理喪葬事宜。我自己也這麼覺得。但喪家只有老阿嬤同意要以基督教的方式治喪；孝男堅持道教的儀式；另兩位孝女強烈要求要延請師父誦經，以佛家信仰方式圓滿老阿公的身後事。當日沒有協調出一個結果。我說：「大家今天都累了，先休息一晚，明天早上我們再做治喪協調。」最後我只能想一個晚上，得到一個結論。隔天我用非常忐忑的心情建議家屬：

1. 頭七、滿七屬於兒子七；二七屬於媳婦七；五七屬於內孫七，是屬於兒子這一房：我們請道士來為老人家做七，舉行科儀法事。

2. 三七女兒七、四七女婿七、六七外孫七，是屬於女兒這一房，我們延請出家師父為老人家做誦經超渡儀式。

3. 出殯當天，我們要尊重老人家的信仰，請牧師、傳道、長老、教

友、司琴、唱詩班，來爲老人家舉行入殮禮拜、追思禮拜、火化禮拜、安厝禮拜。

4. 待安厝禮結束後，請道士將老人家牌位請回兒子家中供奉。

家屬說：「就桑，這樣行嗎？」

我：「阿桑，臺灣的法律沒有規定如何治喪，只要我們喪家都同意就是最好的方式。免驚啦！」

其實我自己驚嚇得要命、冷汗直流，嚇死寶寶了。沒想到，這樣的安排竟然獲得所有家屬的認同。雖然當時在同業眼裡看起來這安排有點不倫不類，但重點是滿足了所有家屬的信仰與儀式需求。畢竟只要符合殯葬管理條例的規範，臺灣喪葬禮儀是沒有是非對錯、好壞的，禮儀師就是要協助喪家解決家族所遇到的問題。

命案現場都異常冰冷

　　某年的夏天正值酷暑，為了不流汗，我們真的可以做出很多大膽的事。

　　通常往生者所在的現場真的會異常冰冷。

　　有次正值炎炎夏日，熱到光站著不動就會揮汗如雨，濕透的襯衫前胸貼後背，整條領帶都是汗水。

　　接到接體電話帶著專員趕到現場，大體在浴室倒臥往生，因為獨居，往生約有七日，已有味道飄出，隔壁鄰居報警後才被發現；加上炎炎夏日高溫的關係，大體腐爛不堪，人體的組織液早就流滿整個浴室，光是他身上的蛆就有成千上萬隻，更別說散發出來的味道。

　　當時我們抵達現場之後，管區員警已在現場，刑事警察及現場勘驗組已採證、拍照完成，經由地檢署檢察官同意可以移動大體，送往殯儀館冰存，待後續刑事相驗。確認後我們開始後續動作，先將亡者用兩層屍袋裝載完成，但需要等接體車抵達，因此我們只能在旁等候。請問若是你們會在哪裡等？一般人當然會選擇距離越遠越好，最好是去巷子口買個涼的晚點再來，然後等接體車抵達再回來協助上擔架、迎請上接體車，送至殯儀館冰存。

　　回公司前我還帶著專員、接體車司機，三個男人到汽車旅館開房間。別誤會！是去洗澡，把衣服換掉。事隔十幾年，我還記得當時汽車旅館女櫃檯員很奇特的表情，可能心裡在想：「三個大男人中午來開房間是要幹嘛？」當時專員開車，也看到女櫃員的表情本來要解釋，我立刻制止他：「小李啊！你跟她講原因，你想她還會讓我們進

去洗澡嗎？她嚇都嚇死了。」

事後回到公司，小李霹靂啪啦開始講述接體過程的經驗。新來報到的妹妹一直問我實際狀況，「昌哥處長，到底現場的狀況是怎麼樣啦？」

我：「我們全部擠在浴室裡跟亡者共處一室。」

專員妹妹：「蛤？是味道很特別嗎？」

「不是。」我回答。

「大體是美女？」雖然專員妹妹這樣問很不禮貌。

「不是。」妹妹被我白了一眼。

專員妹妹：「阿不然咧？別賣關子了啦！處長。」

我很正經地回答：「因為浴室特別涼，像是有冷氣一樣。」

怪不得聽說有業者是因為喜歡屍味才去從業的，而且有些老店業者當月業績不好，聞一聞就會有案件接。為了解除炎熱，一切都可以接受，「其實只要是案發現場溫度真的都會異常冰冷。」妹妹嘴巴遲遲合不了，眼睛放大超過兩倍以上，瞠目結舌了好一陣子。

男人的堅強　只為隱藏脆弱的一面

「張先生，醫師宣布我女友走了，您們可以準備過來了。」這一次是一對男女朋友。這是一個真實故事，更是我聽過最幸福但也最悲痛的版本。我一邊趕緊聯絡接運大體的工作同仁，並交代信仰以及注意事項，一邊用跑百米速度火速抵達醫院病房。這位電聯的大哥，在之前我就已經事先和他預談過，因為他的女友已經乳癌並轉移骨癌末期，油盡燈枯，醫師宣布已經剩不到一個月的時間。

那一天是個陰霾的午後，天空灰灰的就像是哭過一般。我與他坐在醫院地下美食街的某兩個位置上，預先談著他女友即將發生的身後事。

我質疑了一下說：「大哥，請問您們沒有婚姻關係嗎？大姊的家人需要參與洽談內容嗎？」

大哥：「唉！確定罹癌後就一直拖著，她不要辦登記啊！我女友家人授權我可以全權負責並決定所有的治喪事宜。」

原來他們在一起兩年，只是一直拖著沒有辦理婚姻登記，因為大姊罹患乳癌將近一年而大哥也照顧她一年。他如同我們臺灣社會中的男人一樣，年過五旬，表情一板一眼、滿臉滄桑、壓力大、責任重、不苟言笑，整個討論過程沒有情緒起伏，彷彿只是在討論一般制式化的公事。其女友的身後事，他沒什麼要求，只要莊嚴、簡單、不失隆重即可。我為了緩和現場凝重的氛圍，用自我感覺良好、自以為是的幽默說：「大哥，向您報告一件事。就如同佛像要鍍金、上金漆才會莊嚴，而隆重是需要用錢堆砌出來的。所以莊嚴是金、隆重是錢，莊

嚴隆重需要用金錢才能營造得出來。」

　　這時候，大哥緩緩抬起原本看著桌面的臉，用我無法探知的眼神看著我許久許久。我心想：「死定了！」隔了好像會長出蜘蛛絲的時間後，幸虧大哥說了一句：「我知道。」

　　我如釋重負。原來我以為的以為，不是我以為的以為。語言能載舟亦能覆舟啊！於是我趕快結束談話離開，還打了自己一巴掌——我嘴幹嘛那麼賤？因為民俗禁忌的關係，預談後我都不會主動聯絡，只有被動地等通知。不是不關心，而是我主動聯絡，好像希望醫師盡快宣布死亡的降臨。一直到方才那通電話前，我們都沒有再有任何聯絡。而那通電話裡，他的語氣也是平淡如常，彷彿只是在跟別人說一件事不關己、高高掛起、已不擔心的事罷了。通常這樣沒什麼情緒起伏的另一半，不外乎是早已被久病之累所苦，終於解脫；不然就是兩人早已沒有感情、冷酷無情；當然也可能是打落門牙和血吞地硬撐著。

　　我就這樣抵達醫院病房。他如我預期般沒有任何表情，但再怎麼無情，至少眼角也該有些珠淚欲滴，或是說話會不知所措吧！我依照醫院出院感控規定協助他處理所有離院手續，然後我們把他女友接離醫院。治喪過程從頭到尾都由大哥做所有的決定，出殯時大姊的兄弟姊妹、外甥才來參加告別奠禮。從入冰櫃、設靈堂、立靈位，整個流程依照民間信仰制式流程地進行著，直到隔兩天入殮後移靈柩至寄棺室，總算位置有比較寬敞些，也更莊嚴舒適，只是大哥他依然靜靜的、不多話、沒表情。因為要趕下一場服務，跟他說聲「平安」後就離開靈堂。為什麼不說「再見」？因為臺灣禁忌，在治喪現場是不說再見的。

我走向停車場上車後才發現，我要給下一場服務家屬的資料夾遺忘在靈堂外桌上忘記拿。我邊咒罵著高雄的天氣炎熱到不行，還要大老遠從停車場走到寄棺室，就這樣地走到靈堂。這時我看著他正站在靈堂前面面向女友的遺照。在我還在納悶他在幹嘛之時，我耳邊聽到了周蕙的《約定》這首歌，他正輕輕地、溫柔地看著遺照唱著這首歌：

你我約定難過的往事不許提，也答應永遠都不讓對方擔心，要做快樂的自己，照顧自己⋯⋯[1]

因遺照上方玻璃反光的關係，我依稀看到大哥的五官，沒有大哭，只有淚水不停地滑落臉頰。他沒有伸手抹去，只任由淚水行經臉龐而流到下巴，最後滴在地板上。除了念佛機的聲音，滴答滴答清晰可聞。我在身後聽到大哥輕聲哽咽說著對大姊的追思：

總會有那麼一天我會先老，兩鬢斑白、眉披白雪、皺紋蒼蒼，那個時候妳還會愛我嗎？我不想讓妳看到我老態龍鍾的樣子，可是為什麼妳要先離我而去？為什麼？當傷心到了極致，眼淚還是潰堤了，內心空虛得好冷好冷好冷。思緒雜亂如千絲萬縷，情緒低落、久久不能自己。雖然知道人生是該豁達，拿得起放得下，但說的容易，要做到卻好難好難。妳說可以享受獨處與孤獨共存，其實妳的孤獨感已悄然

---

[1] 歌名：《約定》。演唱：周蕙。作詞：姚若龍。作曲：陳小霞。福茂唱片音樂股份有限公司出版發行。

而生，占有慾已在心中萌芽。我又何嘗沒有？只是現在的我沒有這個機會說我要擁有、占有。

　　妳說沒有開始就不會結束，卻選擇逃避不去面對。其實從我們一認識就已經開始了，除非時間再回到從前。人生若如初相見、恍如隔世的一見傾心，熟悉僅僅兩年、僅僅七百三十天，但妳卻是用死亡來結束，我情何以堪？後半生是要怎麼釋懷？妳要讓我在悲傷中度過餘生，此生再也沒有熱情嗎？我依然相信妳的本意不是懲罰我一直拖著沒結婚，我想我是前世有負於妳、虧欠於妳的因果償還，如果這一世還不完，下一世我繼續還；只是由衷的希望，下一世是在對的時間相遇；仍然還不完，下下一世我會再繼續還。

　　如果眼淚可以解決問題，我寧願哭瞎雙眼，只為換來妳還能活著。前一日妳我才約定如莊周夢蝶：自問要活得長一點，還是活得好一點？我們選擇只要開心地活著，無論活多久都是一種幸福，只是活著的那一個必須承受死亡別離帶來的痛啊！妳知道用死亡這種方式結束，我有多痛嗎？遇到妳之前，我的人生是殘破不堪，最後仍然逃不了人世滄桑與悲歡離合，妳是要讓我塵緣已了去出家？還是妳是為了保護我？如果真是這樣，就讓我履行承諾幫妳圓滿完成，在黃泉路上等我。妳真的忍心、真的放得下嗎？真的放得下妳的親人、放得下我嗎？這是真的嗎？這會是真的嗎？

　　回想初見妳時驚鴻一瞥，到現如今只能遙望彼岸。牛郎織女尚且一年一見，而妳我卻再也不復相見。妳知道和妳在一起的那些日子，我過得多開心、多快樂。為什麼？就是喜歡妳，因為妳比我更像我自己，妳做了我想做卻又不敢做的事，原來愛情就是這麼一回事啊！還是好遺憾，明明不想失去卻又無能為力，那種想放棄又想繼續愛的衝

動多折磨人，一場相遇相知、空留一生回憶，什麼都可以刪除封鎖，唯獨記憶刪除不了。妳會喝孟婆湯嗎？真正相愛過的兩個人，即使做不成夫妻也值得去珍惜。這幾天就是會突然好想妳！妳現在還好嗎？人生長路終有歸途，幸與不幸都有盡頭，生離死別終會發生。

真愛是相遇、相知、相許、相愛；笑過、哭過、吵過、鬧過、氣過、在乎過、吃醋過、幸福過、有股衝動想封鎖刪除過。因為還愛著妳，最後看似歸於平淡其實只是埋藏心底。茫茫人海浮沈，遇到真愛不容易，至少我不會輕言放棄，但現在我想通了，就算再喜歡，我也該放下了。喪失繼續愛妳的勇氣，也只能放棄那份執著，放過妳、也放過自己。對我在錯誤的時間出現，對妳不知深淺的喜歡，向妳再一次道歉。有很多時候，我能承擔的超乎自己預期，我們比想像中的還要勇敢。並不是因為我多堅強，而是因為心已死，哀莫大於心死。你決定不了能留存在誰的記憶中，但你能決定誰能深存在你的生命裡。妳可以忘了我，但妳已經深植在我的心裡，直到我生命列車到達終點的那一刻。因為前世不欠今世不見，今生五百次擦身而過的回眸，才換得下一世的相遇。下輩子妳還想與我相遇嗎？可是我還想跟妳過。今世妳放棄了跟我過的念想，我以為妳失去了為妳撐傘的我，後來我才領悟，原來妳的世界已不再下雨了。留住妳和放下妳，我都無能為力。生命真的好脆弱。人生到底是怎麼回事？妳陪了我一程卻不陪我一生，人生最大的遺憾，莫過於遇見了這輩子最特別的人，卻無法在一起共度日子，往後餘生見與不見，妳都在我心底。

如果妳現在問我還愛不愛妳？我會毫不猶豫的立馬告訴妳，我還愛著妳而且是深愛著妳。可是我用盡了所有力氣，苟延殘喘的呼吸著，我過了暗無天日的六個月，不想讓妳看我悲傷的表情，強顏歡笑

的好累好累好累。從一開始跟妳LINE通話、對妳有好感，第一次見到妳就喜歡妳的個性，之後的相處變成了喜歡，再成為了愛。謝謝妳曾經愛過我！從醫師宣布妳需要住院，而妳卻要求醫師隱瞞我妳罹患癌症第四期病症，我可以接受任何對我的傷害，但我痛恨欺騙，漸漸地我心裡萌生害怕，不再痛恨妳刻意的隱瞞病情，而是害怕會失去妳。我和妳可能只是一場相遇，但沒想到妳為我撐了下來，還撐了六個多月這麼久。癌症末期的痛，我恨我自己沒法幫助妳什麼。其實我們這一份愛很不容易，妳我都熬了許多無奈和淚水，但至少愛情發生了也來過了。我一直明白妳的心、妳的無力感，為妳我也曾偷偷流下許多眼淚。

妳說相愛多久，傷痕就需要多久才能癒合，讓我遺憾才會永遠記得妳，這就是愛情吧！病痛的折磨造成妳的憔悴、妳的掉髮。妳叫我不要再理妳、不要再來看妳，妳說要留下最美麗的那一面。我愛妳這件事從沒有想過要停止，又怎會棄妳而去？往後在另一個世界，妳要微笑著喔！喜歡看著妳笑，人總是要經歷離別的過程，依然相信總有那麼一天、妳我眼神凝視的那一刻，會有一次深深的擁抱，不枉這輩子相愛一場。我好想妳！想抱抱親親、想聞著妳的髮香、想妳幫我掏耳朵、想妳幫我剪指甲，我可以懸樑刺骨逼著自己放下妳，但至死可能我永遠都走不出來。愛上妳絕不是錯，是我前世欠妳的，可今生又再欠了妳。來世還要再遇見妳、愛上妳，生生世世。

喜歡的時候，眼裡看到的都是妳的美。妳說幹嘛對妳那麼好？我不認為這算對妳好。其實我無論做了什麼，對妳永遠都還不夠好。失去的害怕反而剝奪了更多的美好回憶。失去了妳，我問蒼天還有什麼可再失去……

唉！聽著我從業以來最動容的奠文，感觸良多。臺灣男性感情的表達太內斂了，身為男性的我太草率了，誤會人家大哥。我躡手躡腳悄悄地離開，這個時候我也含淚、模糊了眼眶。我不想打擾他們，因為這美好的回憶時刻正在倒數計時著，滴答滴答伴隨著出殯日的即將到來而逐漸消逝離開。回到車上我久久不能自己。原來最美的愛情在殯儀館裡也可以看見。寫到這裡，我的情緒也氾濫了，我再也寫不下去。爾後的故事，我拖了六個多月才能繼續寫下去。

大體空運回國 —— 平安落地的班機

民國100年升任禮儀師的第十年，○八○○客服專線接獲屏東某科技大學非洲甘比亞交換學生因故死亡案，該國信仰屬於回教，回教徒是不得使用火葬的，因此大體必須運送回非洲甘比亞共和國。

當時客服專線同仁打電話到南部分公司，問有誰會處理大體運送出國的事宜？在無人表示的情況下就找到當時較為資深的我。

客服：「張處長，請問您會處理大體運送出國的流程嗎？」

我：「當然會啊！沒問題。」

其實面子問題害慘了我！我也沒處理過，我哪會呀！只是人總有第一次，搞清楚、弄明白我不就會了嗎？之後還把過程、流程、應注意事項做成PPT當作教材、教案。當時也只能硬著頭皮到處請教人，像無頭蒼蠅的問殯葬管理處、問報關行、問航空公司、問外交部非洲司、問高雄清真寺……。因為交換的甘比亞學生是暴斃死亡，需刑事相驗。驗屍當天，甘比亞共和國駐華大使賈掬閣下，還親自從臺北天母大使館南下屏東殯儀館關心。我用不是很流利的破英文與賈掬大使溝通，他還請我擔任甘比亞共和國榮譽國民。雖然基於禮貌我答應了，但我心想：「我這輩子不太可能會去非洲。」當然最後這件事情也就不了了之了。

非洲籍屏東某科大學生大體運回國紀要

3/03　○八○○接獲通知。

3/04　14:00屏東殯儀館第二次相驗大體解剖，因大使閣下親自南下協助，先請其確認大體。因為恐有傳染病之虞，需待檢體化驗才可運送出國。後因法

醫確認無傳染病之虞，並註記在死亡證明書上，始可辦理相關運出國文件，運回殯儀館冰存。

死者為非洲籍回教徒，屏東某科技大學交換學生，身高184公分，體重70公斤，現場需：

1. 該校國際事務處取得
   (1) 死亡證明書正本兩份。
   (2) 護照正本。
   (3) 在臺居留證正本。

2. 高雄清真寺○總監——0933-000000確認殯禮時間，及安排殯禮時間。

3. 臺北回教協會——○祕書長0939-000000報告流程。

4. 外交部非洲司——○○○祕書TEL：02-23480000，FAX：02-23480000協請安排事宜及最後完成後請款方式。

5. 以上等單位互留聯絡方式。3/05聯絡高雄○○通運公司○○○主任0932-000000 TEL：07-8030000 EXT：123確認所需文件。

3/05 聯絡外交部非洲司協助聯絡大使館確認以誰的名義運送出國，以及當地收貨人地址大名、回國日期、班機、出關機場。

   並將以上寄貨人、收貨人資料，傳真給木箱施作煙燻之公司，以利煙燻證明開立之用。

3/07 聯絡醫學大學，準備相關資料文件：

1. 死亡證明書。
2. 遺體防腐申請書。
3. 死者護照影本。
4. 申請人身分證影本。

送至醫學大學總務室予○○○先生0935-000000申請施打防腐，確認日期，前一天需退冰。

3/07 聯絡新○○棺木店處理打桶火平蓋棺木，以及木外箱212×80×70CM，委請協辦公司處理煙燻及開立英文版防腐證明，需將寄貨人及收貨人資料

給予該公司開立空運出國文件。

3/09　聯絡高雄○○通運公司○○○主任確認報價及承辦公司報價，電傳外交部非洲司○○○祕書，確認費用。

3/10　大體送至某醫學大學解剖科施打防腐，聯絡人○組長07-3110000.0935-000000

時間約為一小時，送回冰存。

3/10　將需翻譯及公證文件部分，交由○○通運公司代為處理。

1. 死亡證明書正本一份。

2. 遺體防腐證明書。

3. 死者護照影本。

4. 死者居留證影本。

3/11　高雄清真寺○總監確認禮體及殯禮時間為3/16，09:00，聯絡通知救護車接運時間。

3/11　聯絡學校國際事務處○小姐，告知禮體及殯禮時間為3/16，09:00。

3/11　聯絡新○○棺木及已煙燻木外箱於3/16，12:00送至殯儀館。

3/11　聯絡靈車安排爬山虎車輛於3/16，14:00前到達殯儀館。

3/12　聯絡高雄○○通運公司○○○主任，確認全部細節，及當日到達桃園機場通運公司聯絡人○○○先生，0933-000000。

3/16　08:00救護車由殯儀館接運大體到清真寺，09:00禮體；10:00殯禮；10:30接運回殯儀館，隨即入殮封棺。入木外箱暫不釘，需帶鐵鎚及鐵釘。

3/16　14:00出發，19:00到達桃園機場○○航空公司儲運站機放倉。點交護照正本、居留證正本、遺體防腐證明書正本、煙燻證正本予○○儲運○○○副理，並確定海關人員不需檢查後外箱封釘。

3/16　回報已通關。

1. 屏東某科大國際事務處。

2. 高雄清真寺○總監。

3. 台北回教協會○○○祕書。

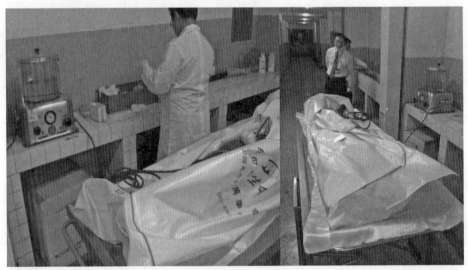

高雄醫學大學解剖科施打防腐。（作者拍照）

桃園機場放倉。（作者拍照）

搭機回國棺槨的外箱。（作者拍照）

洗錢

有一年的夏天，在高雄楠梓區某大樓裡接到電話，一位已經過世約六、七天、獨居四十多歲的男性，因為有味道飄出，住在同樓層的住戶聞到後報警，破門而入後才發現，其人體組織液流了一地。他平時以打零工維生，有一位姊姊住在屏東。家境不好，於是我們以慈善件幫他圓滿後事，等當地管區員警通知可以接運後，即運至殯儀館冰存，等隔天地檢署的初驗。

相驗當天，發現他的褲子口袋裡有十幾張1000元、500元、100元的紙鈔，問題是紙鈔已經吸附大體腐敗的味道，我只好去找塑膠袋先裝好並綁緊，再拿回公司處理。回公司後只能在騎樓的水龍頭洗，因為塑膠袋一打開，那個味道真是無遠弗屆……。重點是，這麼重的味道，用水怎麼都還沖不掉，只好用肥皂、沐浴乳、洗髮精，洗了不下十次。

公司隔壁鄰居阿伯出門看到，還很好奇的說：「活了七十幾年，第一次看到有人在『洗錢』的。錢是掉到塞康喔？」當下頭頂又三隻烏鴉飛過……。

我是不敢講出事實啦！我怕會被阿伯罵。重點是還不能回嘴。鋪在報紙上風乾一晚，隔天早上太陽再曝曬，到了下午味道還是很重，就這樣連續三天重複「洗錢」，依然沒有改善，還噴了我的Montblanc萬寶龍星際旅行者的香水，還是無法消除味道。真是太可怕了！染味的衣服可以直接丟棄，錢總不能丟掉吧？損壞國幣罪？最後好像要去搶劫銀行一樣帶著忐忑的心，拿去臺灣銀行換新鈔，再交給亡者胞姊。這輩子又做了一件一般人不敢做的行為──「洗錢」。

七天後才回家的水底焊接師父

那是一個晴朗的午後，突然接到以前承辦家屬的電話：「昌仔，我一位好朋友在旗津渡船口碼頭那裡溺斃了，幫我處理一下。那是我的好兄弟，我大嫂和她女兒已經在現場。」

我：「好，大哥，我馬上趕去現場。有大嫂的電話嗎？」

將大嫂的電話輸入手機後，我又以跑百米最快速的開車模式趕往現場。管區員警及刑事警察均已在場，問了一下狀況才知道，原來亡者是水底焊接的師父，已打撈到岸邊。祂七天前穿潛水裝入水，替大型貨輪船底做破損焊接之後，一直沒有上岸，海上搜救大隊找了好幾天，而今天剛好是第七天。現場找到大嫂遞上名片，看得出來她已經大哭過一場。雖然失蹤當天她就已心知肚明可能凶多吉少了，但我想每個人在遇到類似事情的時候，一定都會祈求上天的保佑，仍然懷抱著最後希望奇蹟可以出現。這幾天沒有大哥消息的心力交瘁，完全顯露在她臉上，七天的時間是怎麼熬過來的啊？突然間，「惜緣」這兩個字又在腦海裡迴盪，久久不能自己。

前同事的陰陽眼

　　說起這故事，我也常常跟家屬、同事、學生閒聊，許多事情我們看到、聽到不一定就會是真的，因為有些事情是人家故意讓我們看到，有些說的話是故意讓我們聽到；而有些事情沒有看到、沒有聽到，就不一定代表沒有，不一定代表就是假的。

　　這個事情就發生在前東家我服務的個案。新進的一位同仁剛到公司大概一個月左右，一切正常、沒什麼問題。當時我是單位的處長。

　　一天，他突然跑來跟我說：「處長、處長，那個○號豎靈桌伯伯的家屬下午有來拜飯嗎？」（民俗上要做早晚捧飯，臺語稱叫起叫睏，要做拜飯的儀式）。

　　我說：「有來啊！怎麼了嗎？」

　　他說：「我有些事情想跟家屬講。」

　　啊？你才來一個多月而已？我承辦人都有跟家屬溝通流程的安排、協調和禮俗上的解釋。我問他：「有什麼事？」他也嗯嗯啊啊的沒說清楚，我也很納悶，但看他很堅持，就帶他去找家屬。見到家屬後我就跟他說這是兒子、大哥、二哥、女兒、媳婦、孫女，之後我就看他一眼，示意要他說話。

　　他不好意思地說：「有些事情我一定要很冒昧地講，也許您們覺得怪力亂神。」因為他昨晚值班，「爸爸（我們都會以家屬的稱呼為稱呼）昨天晚上跟我講一些事情，請我一定要轉達給您們。」我們所有人都嚇一跳問他，「爸爸跟你說什麼？」他就在旁邊唏哩呼嚕什麼的，好像在講話的樣子，「好的，你們是不是在找爸爸臺灣銀行的存

簿和印章？因為爸爸是榮民有退休俸？」所有人當下又嚇了好幾跳，問他怎麼會知道？他又在旁邊唏哩呼嚕、唏哩呼嚕好像在和誰對話，我們也看不到、聽不到他在跟誰說話。

他就回答：「好的，爸爸跟我說，臺灣銀行優惠存款的存簿和印章，放在家裡客廳電視櫃最下面的抽屜裡。」

家屬當下就講：「我們全都找過了，就是沒有呀！」

他又聽了聽說：「爸爸說，要把整個抽屜拉出來。他是用一個紅白相間的塑膠袋包綁著，它掉到抽屜下面，你們回去找看看。」

家屬拜好飯、燒完九金銀紙後，就馬不停蹄地回家了，還真的就這樣子找到存摺和印章，所有人都驚訝的整夜睡不好覺。當天晚上換我值班，家屬就打電話來，說存簿和印章還真的是用紅白相間的塑膠袋綁著，因為家屬要辦理遺產繼承需要存簿以及印章，當下我看到手上起了雞皮疙瘩。我和家屬通完電話後就把他找來，問他為什麼會知道？他說值班那晚不小心跟伯伯對到眼，伯伯問他：「你看得到我？」其實同事從小就看得到一些無形的東西，只是有一些老師、乩童神明代言人都告誡他不要跟祂們有眼神的對視，因為對視後會認為你看得到祂，於是他就盡可能做到不要去對視，但有時候真的沒辦法就不小心對到眼了。

隔天家屬來拜飯，非常感謝他，全部的人都圍著他，而我這個承辦人員就被冷落、晾在一旁。大家就開始問他，「你看得到爸爸，麻煩你問爸爸有沒有什麼事情要做？有沒有什麼事情要交代？還是有什麼其他存款、黃金條塊、鑽石、瑪瑙、翡翠……。」

同事又在旁邊專注的在聽，接著回答：「爸爸說沒有什麼事了。接下來你們就好好過日子，他的後事張先生幫忙辦得很圓滿，不用擔

心他。記得要好好照顧媽媽。」

後來我問他：「老人家眞的有說我服務的很好嗎？那這樣我還蠻欣慰的。」

他回答：「處長，老實講，這句話是我自己加的。」

我心裡還眞是五味雜陳：心情有如利空消息盡出，跳空跌停……。

他回答：「不過老人家有說：『子女們很用心，後事辦得很圓滿』，倒是眞的，那不就是處長承辦服務的很好嗎？」

我：「哦！哇嗚！」我心裡刹那間又有如股市巨幅震盪，利多消息盡出、跳空漲停。

事隔一個多月之後，他突然跑來跟我說：「處長，我沒辦法了，我必須離職。」

我問他：「爲什麼？你有陰陽眼，這樣對單位會有幫助的。」

他回答：「豎靈區裡的爺爺、奶奶、伯伯、阿姨、哥哥、弟弟、妹妹們，都跑來找我，希望我能幫祂們傳達訊息給陽世的親人交代一些事情。洗澡也找、上廁所也找、吃飯也找、連睡覺也找。我實在受不了了。」難怪我發現這段期間他的黑眼圈變得很厚重，我知道這狀況之後就讓他離職。

這件事讓我印象很深刻。沒有看到、沒有聽到不代表沒有；我們看到的、聽到的，也不一定就是事實。

接運引火自焚大體後的午餐

印象中有一次在單位公司附近的大樓，有位住戶因為久病厭世，就帶著汽油桶到大樓的頂樓引火自焚。其實家人都知道他患有重度憂鬱症，所以家人發現他不見了就一直尋找，後來去調監視器才發現，他根本沒有出大樓的門，想說他會不會往頂樓去？大家就往頂樓找。結果就看到了他已經燒焦過後的狀態。因為接近中午，日正當中，所以發生狀況的時候也無人察覺。

因為在公司附近，也曾服務過其鄰居以及里長家人，所以家屬就透過里長通知我們過去接運。當時我和同仁共四人，就帶著兩個屍袋過去。因為整個皮膚都已呈現燒黑，這一燒，其皮膚、肌肉組織一萎縮，整個手腳是縮起來的。當時正值中午，我請同事趕快回單位拿遮神主的雨傘來幫他遮著。因為意外現場必須有管區、鑑識小組的，來把所有的人證、事證、物證拍照蒐集完成，再看檢察官有沒有要過來當下相驗。我就趕快跟家人講，請他們麻煩里長聯絡管區派出所、刑事組過來。因為里長已事先聯絡了，所以不到十分鐘，管區、刑事組、鑑識組的人員就到了，等他們蒐證採集完成當下就發現，在他身旁有留下遺書用石頭壓著，就打電話給地檢署檢察官。檢察官說他在旗山還有刑事相驗的案子要忙，若已採證完成就先送殯儀館。於是我們就套兩層大體保護袋送殯儀館先行冰存，待後續刑事相驗。

事發十一點多到忙完也下午兩點多了，大家也肚子餓了。看大家那麼辛苦，於是我就拿一千元麻煩內勤同事去買午餐。我突然想吃燒肉飯，就請同事去三多路和河北路附近買燒肉飯、味噌湯、三寶（何

謂三寶？不是佛、法、僧三寶；是滷蛋、貢丸、油豆腐）。天氣熱，大家都會在辦公室吹冷氣一起吃飯，可是今天卻很奇怪，怎麼所有人都不見了，只剩我一個人在辦公室吃飯。不管了！想說他們應該在忙其他事吧！先填飽肚子再說。

我吃飽後就出去看看，隱隱約約聽到有人在「嘔嘔嘔」的嘔吐聲，結果看見三個同事在那邊吐，我就問：「怎麼了？」同事回答：「就天氣熱吃不下在嘔吐啦！」當下我也沒想那麼多。

事後想想，自己當一個單位主管這麼的後知後覺。當天晚上值班，就有一位比較資深的和一位剛報到三天的專員過來找我。較資深的專員跟我說：「處長，今天中午接一個引火自焚的大體，結果你還請我們吃燒肉飯，你是在整我們嗎？大家看到燒肉飯聞到那味道都跑去吐得一塌糊塗，新進專員說飯都吃不下看到又想吐了。」、「蛤！我沒別的意思，就突然想吃燒肉飯而已。真的對不起！很不好意思。」

隔天中午大家都來上班，我就跟大家講我沒那個意思，真是抱歉！跟所有同仁致歉。這件事情給我的教訓，即使是一個人的無心之過，有時候也會造成別人非常大的困擾。雖然我們自己沒有那個意思，但畢竟還是造成人家的不愉快。也因為這件事引以為鑑，對日後處理事情方面要有所修正，不要我要吃什麼就要大家跟我吃一樣的中餐，應該要徵詢大家的意見後再去做最後決定。我覺得這應該是待人接物比較恰當的一種處理方式。

穿襯衫像業務的禮儀師

　　因為要改變殯葬從業人員的形象，不再像之前的葬儀社人員穿著汗衫、短褲、拖鞋，口中嚼著檳榔或叼著菸，還把菸夾在耳朵上方，就這樣做個殯葬人。近十幾年來，禮儀公司為了改變形象，改穿西裝褲、襯衫、打領帶、穿著皮鞋，甚至出殯時大家都穿著正式同色系的西裝。

　　後來曾經有治喪一段時間的家屬，在與喪家都比較熟悉後，家屬就私底下半開玩笑的跟我說：「張先生，每次我們家屬看你穿著襯衫、打著領帶、穿著皮鞋、提個公事包向我們走來，遠遠看你就很像業務員。業務員就是要賺我的錢，我們家屬每次看見你都很想笑。不過張先生，你可以不用常來沒關係，因為你每次來我們少則加幾千、多則加幾萬元，再這麼下去就破百了。」當然這麼講我也知道是開玩笑的，重點是，手上提個公事包真的很業務員的裝備。

　　我：「大哥、大姊，您們放心，我絕不會在推銷時包山包海、服務時移山倒海。何況我騙得了你們，我也騙不了躺著的這位老人家啊！說不定他此刻就站在旁邊看著呢！」

　　家屬說：「蛤！張先生，真的嗎？先父站在您身旁？」

　　我：「不是啦！大哥，我只是打個比喻。說不定而已。」

　　家屬：「哦！我們一直以為你有神通呢！不然怎麼說話都說到我們的心坎裡。」

　　我：「唉呦！我沒神通啦！大哥、大姊，我如果有神通就去當命理專家，開壇算命測字、易經八卦、紫微斗數、星座血型、看面相、

手相就行了，還能騙財騙色ㄟ。」

家屬：「蛤？騙財騙色……？張先生……你……。」

我：「開玩笑的啦！我才不敢，我怕會有因果報應，而且是非常怕。」

家屬：「張先生，您穿著襯衫、打著領帶，不熱嗎？」

我：「這也沒辦法，公司就是規定我們要這樣穿，夏天我也很熱啊！沒帶手帕用來擦汗。我還會有焦慮感，我超怕熱、超會流汗。其實我很羨慕不怕熱、不流汗，根本沒有汗腺的人ㄟ。」

家屬說：「你可以穿輕鬆一點，領帶不要打，袖子可以往上捲啊！或者是背雙肩背包，裡面一樣可以放電腦、資料啊！這樣看起來就比較不像業務了。」

想想也蠻有道理，後來我就改成這樣穿。但有時領帶懶得拿掉，也不知放哪，就還是打著領帶，只是袖子我會捲起來，改背雙肩背包，只是有些家屬覺得太隨便了點。每個人的價值觀不同，眼光要求也不盡相同，我們也只能在接洽當中，聊天談話了解家屬的需求來做改變，盡可能符合家屬需求。甚至有時要去家屬哪裡，我都會在車上先換裝，再去家屬所在靈堂或接洽的地點。說真的，我們的穿著還真像業務員，事後我覺得有些家屬還蠻有意思的。

所謂「先敬蘿衣後敬人」，穿著適當本就是種尊重與禮貌，我們需要在對的時間、對的地點說對的話、做對的事。例如夏天去墾丁玩水，不穿上衣、穿海灘褲、夾腳拖才是正常的，誰會穿著西裝、穿襯衫、打領帶、穿著皮鞋去墾丁玩？嘿嘿嘿！我就這麼穿著去逛過墾丁大街，因為我們是去接案工作拚廳的，先期流程儀式結束後，我請同事去吃點東西。當時街上異樣的眼光圍繞在我們幾個人身上，小專員

跟在我身後，對於眾人眼光，他還怪不好意思的。

我說：「不然你把車上有公司名稱○○生命的背心穿起來，就不奇怪了。」

小鮮肉專員說：「處長，我怕被墾丁的遊客打ㄟ。」

我說：「怕啥？我們禮儀公司ㄟ，人家喪家有治喪需求，我們是來服務的。只要你不尷尬，尷尬的就會是別人啊！做好自己就好。」

那麼瘦了還要減肥

　　記得曾經有一次在往生室值班，從醫院急診接體一位二十多歲年輕女孩子。因為是女性亡者，基於尊重亡者性別，都會安排女性的工作人員協助地檢署法醫、檢察官做刑事相驗的工作。事後小女生禮儀專員告訴我，原來是她男友不經意地說：「如果再瘦一點會更喜歡妳。」小男友現在後悔為時已晚。因為小女友也這麼認為自己肥胖，吃飯吃得很少，又長期偷偷吃減肥藥，為了減肥效果迅速，減肥藥還超量多吃，導致暴斃死亡。

　　小助理說道：「明明小女友身材非常窈窕，人也長得很漂亮，雖然過世了，皮膚仍然吹彈可破。如果這樣子都要減肥，那我們兩個女性同事不就死幾百回了？難怪人總是說『女為悅己者容、男為悅己者窮』，每個人總是會嫌棄自己不夠帥、不夠漂亮、不夠窈窕，其實青菜蘿蔔各有所好。到底完美的定義為何呢？」

　　愛上一個人終究會變成一種習慣，眼中的所有只有滿滿的愛意環繞。所以愛他的一切當然也包括他的缺點。

　　現代的女性骨感審美觀在唐朝是不符合美麗的要件，在唐代就是要像楊貴妃有肉感的才稱得上絕世美女；有啤酒肚的男性如同宰相一般肚裡能撐船。我始終認為，每個人都有他存在的價值，總是會遇到一個欣賞自己的人。對於發生這樣的遺憾，就為了她男友一句話，她的家人又情何以堪？說話可以是甜言蜜語，也可能是把利劍傷人於無形啊！

聰明前衛的老阿嬤

　　從事殯葬業二十多年，我所承辦的往生大德案件中，最好承接辦理的是一位九十多歲聰明的老阿嬤。因為早期農業社會的媳婦，男主外女主內，阿嬤身為長媳，經歷了家中所有的婚喪喜慶，所以對治喪事宜有一定程度的了解。她將先夫所留的遺產都請律師做好了財產分配，而且分配的非常公平、公正、公開，子女們對於阿嬤的安排不僅沒有異議，而且非常滿意。

　　在阿嬤有生之年將三個兒子、兩個女兒，每月給她的零用錢都存在一個特定專屬的戶頭，而且在遺囑裡也載明要以火葬方式完成其身後事，所有的流程儀式都註明在遺囑中。阿嬤交代要用佛教的儀式辦理，每天早課以及晚課誦佛說阿彌陀經、做七誦經。內容如下：

頭七延請五名師父誦金剛寶懺超渡儀式。
二七持誦妙法蓮華經觀世音菩薩普門品。
三七要持誦地藏菩薩本願經。
四七彌陀寶懺。
五七要做全日慈悲三昧水懺功德法事及蒙山施食科儀。
六七持誦八十八佛洪名寶懺。
七七圓滿要做一場全日藥懺功德法事。

　　原本師父建議做一場連續五日的金山御製梁皇寶懺，最後還是依照老阿嬤所交代的誦經儀式為之，並且燒化10億以上的庫錢以及一間

五樓洋房的紙厝，再加金山、銀山糊紙；告別式要用20尺鮮花布置，七名以上的中樂隊伴奏；出殯請五名師父帶路到火化場，牌位請回家中祖先牌位旁供奉，一年後再行合爐儀式，要用頂級青玉的骨灰罈，火化後骨罐要請阿公的靈骨一起進塔合厝。

老阿嬤將她的身後事交代的鉅細靡遺，好像比我還專業呢！而且所存的特定帳戶，也將整個治喪流程的費用都預先存好、存滿了一百萬，於是這是一場在家屬非常和諧的情況下、老阿嬤壽終內寢的一場喪禮。整場喪禮殯的部分六十萬，葬的部分用剩餘的四十萬購買了夫妻雙人塔位，並將早年過世的阿公一起遷往寶塔，與老阿嬤合厝，這是「在天願做比翼鳥，在地願為連理枝」最真實的故事寫照。

老阿嬤的靈堂。（作者拍照）

老阿嬤的奠禮會場。（作者拍照）

至今無人能破的燒庫錢數量

旗山區，縣市合併前盛產香蕉的前高雄縣旗山鎮，有著至今尚無人能破的燒庫錢數量，總計168億的庫錢，折合新臺幣100餘萬元。

我記得那是民國92年，我升任公司禮儀師的第二年，經營金紙店的大姐告知旗山有位老地主過世，要燒化168億的庫錢，所有高雄縣市當時的金銀紙店都被調貨庫錢，我還特地跑去旗山去看168億的庫錢數量到底有多少。燒化庫錢地點就在老地主種香蕉的田地裡，用小山貓鏟了非常大的土地面積，堆砌的庫錢跟一個小山丘一樣。

最終聽說燒了三天三夜，家屬每天還請三個人力一天八小時為一班，每班3,000元工資，共分三班制的人力來看管燒庫錢的狀況，因為數量非常龐大也燒得很久，怕火星和灰燼因為風大而飄到旁邊的樹林造成火災，家屬還請了三輛水車在旁邊待命。而且家屬的經濟能力足以應付老人家生前所交代的事項，於是創造了至今仍無人能破的燒庫錢數量。相信老先生在天之靈，應該頗感欣慰吧！

楠梓老里長的紙厝

　　話說燒庫錢有紀錄，燒紙厝也一樣有紀錄。

　　我的印象應該是在在民國93-94年間，聽公司配合的紙紮店老闆將哥告訴我說：「高雄市楠梓區有位當了三十多年的老里長，生前有交代子女要比照北京紫禁城要燒一百個房間的紙厝給祂。」後來老里長因病過世，子女也依照老先生交代的遺願在該里的空地搭棚架，請糊紙師父花了近五天的時間製作出有一百個房間的紙厝，價值30多萬，可惜的是，等我知道消息已來不及去看30多萬紙厝的模樣，已經與庫錢焚化完成了。

　　事後與人談論起這件事，眾人毀譽參半，個人卻覺得喪家子女在經濟條件允許的情況下完成長輩交代的願望，這是反哺的回饋心理作用，彌補了失去親人的悲痛，這又何嘗不是一種悲傷撫慰，也安慰了生者。

20尺竹篾紙厝。（作者拍照）

瑕不掩瑜

殯儀館通鋪式的豎靈區，每個靈桌毗鄰而立，為此曾發生過公司禮儀專員將亡者照片擺錯的狀況。此事因為相鄰的兩位往生大德在同一天過世，十五時靈堂遺照送到公司後，專員再送到靈位區擺放時，在沒仔細核對注意下，放到隔壁另一位神主牌位大德的靈桌，沒多久家屬就到靈堂奠拜。

「這不是先父的照片啊！」家屬氣憤地通知禮儀師趕到現場處理。禮儀師在趕去靈堂的路上回報當時主管的我，我快抓狂地打電話給當事的專員，要求他也立即趕往現場。一路上我深呼吸地告訴自己：「不能生氣、不能罵人、不能抓狂！」到達靈堂時，我看到禮儀師帶著專員向家屬賠禮致歉，遺照也已經換置正確位置擺放。

「大哥、大嫂，真的很抱歉！是我們主管教育訓練做得不夠落實，才造成這次的錯誤發生。」我再次向家屬致上誠摯的歉意，並帶著禮儀師、專員向亡者上香表達歉意。發生錯誤就是要先承認錯誤並道歉，面對問題再想方設法解決問題。

家屬對我說：「你是公司單位的副總？」

我：「是的，敝姓張。」我隨即遞上名片。

家屬說：「雖然這件事讓我們非常生氣，但是禮儀師這幾天的專業服務態度，讓我們覺得你們是無心之過。先父生前也常教育並告誡我們子女，要得饒人處且饒人。雖然有瑕疵，但『瑕不掩瑜』。希望以後的治喪過程不要再出差池。」

我：「是的，謝謝大哥、大嫂的寬宏大量，爾後我會重新訂定

SOP標準作業流程，一定要求同仁先核對遺照上的先人大名，並確認無誤後再行擺放。」

　　經過此事，我深刻要求自己並告誡同仁，永遠也無法預期治喪過程會發生什麼狀況，我們只能提升自我要求的專業以及服務態度，在平常就得在家屬心目中沒有一百分，也要九十幾分，如此一來，即使犯錯扣了三十分，也還能及格；將錯誤降到最低才是服務的真諦之一。

證人出庭

有次正在服務出殯家、公奠禮儀式，突然收到公司行政電聯我。

行政：「張處長，分公司剛剛收到一張法院傳票，是寄給你的。」

我：「蛤？詐騙的吧？我出殯完再去公司拿。」

行政：「張處長，你出殯完？你還好吧？處長。」

我：「是我服務的亡者案件出殯圓滿禮成啦！別搗亂喔！」

工作到一段落後，驅車前往分公司拿，還蠻像真的法院傳票。拆開信封後，某某某車禍死亡賠償案件要傳我當證人？奇怪？這名字怎麼這麼熟悉？對齁！不就是四年前承辦的車禍死亡案件嗎？於是我請行政查詢家屬聯絡電話。我撥通後說：「阿伯仔，哇係之前承辦阿姆後事的禮儀師張榮昌，因為我接到法院傳票要出庭作證。請問您知道這件事嗎？」

阿伯：「哦！對啦！我還想這幾天要打電話給你。啊！就肇事者的律師說我們辦喪事花費32萬太貴，說不合理，拒絕賠償支付喪葬費啦！」

我：「賀！安內哇災。」

於是我事先查詢行政院內政部民政司有關喪葬費用的訊息。出庭當日，是我在阿姆對年合爐三年後再一次見到亡者先生。阿伯一下子老了好多啊！整個頭髮都白雪般覆蓋一層層。原來他這段期間出庭近十次，每出庭一次就想起阿姆出車禍死亡的情景，心就如刀割一般。真無法想像這幾年阿伯是怎麼度過的啊？

開庭時，我將查詢的資料呈報主審法官。

我說：「報告庭上法官，依據內政部民政司官網資料顯示，北部平均一場喪禮38萬、南部36萬。此案喪禮承辦金額32萬明顯低於平均值，應該不能算貴。」

主審法官看過資料後，對肇事者律師說道：「沒錯，低於平均值的喪葬費就不能說花費太貴。」當即裁示，除了民事賠償外，喪葬費32萬需另行賠償支付家屬。

開庭結束後，我跟阿伯說：「阿姆跟隨佛祖去西方修行了，為了讓她不再罣礙，你要放下萬緣。」之後我向阿伯道別，希望他平安順心。看著他遠去的背影，這四年出庭的折磨讓阿伯身心俱疲。為什麼有了相遇卻又得面臨別離？我心裡油然產生傷感的情緒，心裡一陣陣酸楚。

我心裡揣摩著阿伯的心情寫道：

別離後的妳在做什麼？妳又會在哪裡？如果還活著，我們經歷過的好與不好、追求與等待、尊重與包容、擁有與失去、偏愛與失落、占有與放下、激情與淡然、熟悉與陌生、遺憾與後悔、虧欠與償還，對我們而言還在意、還重要嗎？

十年生死兩茫茫，不思量，自難忘。其實心裡明白，死別永不復見，都需要十年以上的歲月平復；那麼生離呢？是想見而不得見，是還有機會見，卻又得要多少時間平息？失去的傷痛真的很難撫平，又該如何才能停止？

曾聽到家族親友對喪家說過非常不肖的話：「事情都已經過去

了，你怎麼還不放下？」有些事可以過去，但是我過不去、放不下，因為是我嚐盡酸甜苦辣鹹的五味人生，經歷的人是我，而不是你。是真的放下了，還是強顏歡笑？是真的無所謂，還是強忍淚水？是真的不在乎，還是隱忍傷痛？是真的被忽略，還是視而不見？是真的走出來，還是故作堅強？是真的已遺忘，還是深埋心底？是真的好好的，還是虛擬快樂？所有的疑問不一定有答案；所有想問的事不一定有回應；所有曾經的愛，時間一去不復返；所有曾經的情，一江春水東流。愛是用盡一切方式都不離開，即使只剩下照片憑弔。景物仍依舊，唯離一聲嘆；黯然銷魂者，唯別而已矣！

拖板車貨櫃的重量

曾經我承辦服務一位才剛新婚六個月的業務大哥，他因為業務需求開車行經中山高南下，過了九如交流道後有一個大轉彎，當時他開的自小客車跟在一臺拖板車旁，而拖板車上的貨櫃載滿了貨物，因為大轉彎的離心力造成整個貨櫃倒下來，就這麼剛好壓到大哥所開的自小客車。事故後他隨即被送到醫院急診，最終搶救無效。當日我值班與大哥的配偶洽談後續，我只能花一兩分鐘的時間大致跟她解說後續到國道警察隊製作筆錄以及刑事相驗的流程。因為當時大嫂已悲傷到不能自己，也無法與我繼續治喪協調。

隔天初步刑事相驗後，我打電話到國道五隊，申請到事故地點鄰近路肩做引魂的儀式。因為沒有國道交通警察在後方協助管制引導，我擔心我們所有同仁、師父以及大嫂會發生意外狀況。國道警察也非常具備同理心的配合我提出的引魂時間，並協助我們在儀式後方管制交通，讓我們可以順利的連續三次聖筊完成引魂。離開交流道後在平面道路旁，我先看到了那一輛被貨櫃壓扁的自小客車，整個是扁平的狀態。當時大哥在剎那間面對突然的意外狀況是多麼的驚慌、恐懼？我特地移動身體擋住大嫂的目光，不讓她看到那輛車輛被壓扁的狀況，我擔心她經不起此情此景的打擊。

這段治喪期間，我特別要求單位助理小女生無時無刻陪著大嫂，因為新婚才六個月的兩位新人就這麼陰陽兩隔、人鬼殊途，可想而知，大嫂其內心之煎熬，用筆墨真的難以形容。大嫂治喪期間的冷靜，是因為還能為丈夫做些什麼。出殯當天，大嫂情緒還是崩潰決堤

了。大嫂寫的奠文，在家奠禮那天，因為情緒過於激動還是沒能唸出來。最後我把追思文放入靈柩，陪伴遙祭給大哥。

這輩子我最愛的人，就是上輩子最愛我的人。緣起相遇、緣滅道別。我們的緣滅是因為死別，而不是在生離時候發生，希望我們都不會後悔，曾經出現在彼此的生命裡。不管怎樣依然謝謝你！在我生命的列車，你上了車卻又下了車。可是為什麼只有一站？最後當我決定要放下你，相信這世間再也沒有什麼事會讓我受傷，但從此以後，也不再喜歡任何人了。

從認識你那天起，一直都很喜歡和你吃飯，吃什麼也無所謂，即使蹲在路邊合吃一個便當也甘之如飴，最重要的身邊那個人是你。以前我想你會毫不顧忌的告訴你：「我想你了，會問你在幹嘛？」現在我想你了，只能默默的看著你的照片，什麼話都不能說、什麼事都無法做。也不是無所謂了，而是有所謂又能如何？白頭並非雪可換，相識已是十年緣，結縭更是百年情。我不奢望永遠，只希望每個明天你都在。

放棄一個很愛你的人並不痛苦，放下一個我很愛的人才是悲痛。現如今我想你的時候會流淚，如果有一天你也想起了我，希望你別哭，我捨不得你哭。真的愛過一個人分離後，哪怕已經沉澱好久好久好久，只要想起，再怎麼努力克制還是會忍不住流淚。其實這幾天我一直都知道，只要我放了手，你我之間就真的結束了；就算我放不了，卻仍然還是得說再見，是再也無法相見。愛就是不問值得不值得，用一個轉身不回首地離開，卻用一輩子的時間忘記。面對人生總是會遇到的遺憾，應該把它視為必然；學著放下，然後練習釋懷。

因為大哥父母健在，靈位牌與骨罐一起安奉於寶塔，後續的百日、對年如期延請師父誦經。

在大哥對年忌日約莫半年後，有一次我帶喪家去同一寶塔堪輿合方位、選吉位，遇到大嫂獨自一人去祭拜大哥跟我打招呼。看著她失去大哥已經歷過一年半左右的時間，一個人形單影隻、面容仍憔悴落寞的神情，我想她應該還沒有走出傷痛吧？由衷地希望她能盡快走出來。除了祝福她一切平安順心外，我亦無法再幫助她什麼了。

時間不是解藥，更像是麻醉藥，只是短暫麻痺。有一種愛情叫做「放手」；有一種在乎叫「不打擾」；有一種尊重叫「不糾纏」；有一種珍惜叫「不聯絡」；有一種關係叫做「昇華」。對於摯愛的死亡，有人一輩子走不出來，也只能獨自消化比悲傷更悲傷的情緒。

開車載家屬去合寶塔方位的回程中，一開始家屬像陷入沉思般一句話都沒有，突然大姊冒出一句話：「小張，我們真心覺得選擇你來服務先父的身後事，是正確的決定。」

我：「蛤～嗯！大姊，您怎麼會突然這麼說呢？」

家屬：「因為我們看到你曾經服務的家屬對你的態度啊！我們都看到她雖然表情哀戚但眼神充滿了感激，相信你當初對她先生的喪禮服務一定是非常好。」當下車上所有家屬都異口同聲的表示認同、贊同。

我：「大姊、大哥，專業良好的服務本來就是我應該做的啊！」我常感嘆生命的無常就在身邊時不時發生，生離死別的無奈除了接受也只能選擇放下，只是問題要多久才能真正放得下？

運動後的沖涼

　　不能因為自己年輕，就超時、超重的使用自己的身體——一個白髮人送黑髮人的故事。這段故事文字我著墨不多，因為事隔二十多年，但我仍然依稀記得小夥子的媽媽當時撕心裂肺、肝腸寸斷的情景：

　　一位剛退伍的年輕小夥子，因為找到了工作，下個禮拜就準備要去上班，於是當天中午與同梯退伍的軍中同袍相約去打籃球。雖然才剛入冬，南部天氣仍然炎熱。聽著他媽媽顫抖的說，以前就告訴他不要洗冷水澡，結果小夥子運動結束仍然洗冷水澡，導致心血管收縮暈眩，跌倒撞到腦部，顱內出血。而當時父母親因為都在上班、胞弟在上課。如果當時家中有親友在家發現後及時送醫，說不定可以搶救及時，但事與願違、情何以堪，小夥子的媽媽下班後回家發現，已是具冰冷遺體。

　　這就是老人家三令五申告誡小時候的我們：當我們運動後或天氣很炎熱的時候不能喝冰水，是會煞到（閩南語）的啊！

靈堂前一定得輸的麻將

　　一般較具規模的禮儀公司都會有輪調制度，約莫民國95年的時候，我輪調至前東家左營服務處。當時左營區還有許多眷村，有次因緣際會承辦一位外省老奶奶的後事，靈堂搭設在眷村家中。因為老奶奶平常喜歡跟左鄰右舍婆婆媽媽打麻將，所以大哥特別問我：「小張，我可以在靈堂前陪媽媽打麻將嗎？」

　　我：「嗯啊！這個……我想應該可以吧！」OS：「坦白講我也不知道可不可以。」

　　有一天下午我至喪家例行性服務後回單位值班，約莫晚上十一點多，大哥突然打電話跟我說有特殊狀況，要求我趕緊到家裡。當時的我正在洗澡，殯葬服務業可是電話不離身的，會有隨時看手機是否有未接來電的習慣，甚至在沒有手機訊號的區域，以及手機快要沒電時會產生焦慮的強迫症。我心想：「怎麼可能喪宅會出什麼狀況？不會是靈堂燒起來了吧？」因為早期靈堂會點蠟燭，意即為亡者照路，而現代為了避免發生危險都改用電燈代替。因為同業曾經發生過喪家在靈堂守靈，半夜凌晨家屬睡著，風扇將靈堂邊的布幔吹動燒到靈桌上的蠟燭而發生火災，差一點就提早舉行火化儀式了。

　　於是我用三步併作兩步的速度，騎著摩托車趕往現場。進門後我就看到一個麻將桌擺在靈堂前方，上面已擺好麻將，而大哥就背對靈堂，坐在面向外面的位置；旁邊另外有兩位大姊。於是我馬上問大哥發生什麼狀況？三個人一起用非常詭異的笑容對我說：「這個事情非常嚴重。」

家屬：「媽媽說要小張來陪我們打麻將守靈，而且剛好三缺一，所以叫你來湊一腳。」當時番茄紅了、我的臉綠了。我心想：「最好是媽媽說的啦！還不如請媽媽報明牌給我。」心想：「人都來了，也得給老奶奶面子，就陪家屬打麻將吧！」幸虧是打100底的而已，沒想到當晚我竟然輸了3千多，之後我跟學長講起這件事情。

　　學長：「昌仔，你是白癡喔！亡者在孝男身後幫忙看牌，怎麼玩你都會輸。」

　　事過境遷我再仔細回想，就算自摸，當時我也不敢胡牌吧！我怕打麻將真贏了家屬錢，老奶奶會不高興，晚上睡覺搔我腳底板。

裝載骨罐的瓦楞紙盒

　　原來我將心比心的小細節，成了喪結時請家屬填寫服務滿意度調查表，勾選非常滿意、對我讚譽有加的原因之一。

　　一般喪禮承辦火葬儀式，禮儀師都會在撿骨的時候才帶著骨灰罐到火化場旁的撿骨室協助家屬撿骨入罐、封罐。而骨灰罐不可能直接抱著帶去，都會用類似瓦楞紙的紙盒裝載著骨罐，畢竟骨罐的重量約有八公斤。為了避免帶錯，我們都會將亡者的大名寫在骨灰罐盒的上方及側面。因為我自己也不喜歡被人連名帶姓稱呼張榮昌，感覺不是很好，畢竟人都喜歡被加上稱呼或職稱的尊重，所以我的習慣會在寫好往生者大名後加上對他的稱呼稱謂，例如某某老先生、老夫人、某某先生、女士或夫人……。

　　火化場工作同仁將骨灰初步撿拾好，會將頭蓋骨與頸部以下分成兩個部分，分別放置在兩個鐵托盤內再放到撿骨臺，之後禮儀師才將骨罐從瓦楞紙盒取出，而家屬就會站在我們身後看著我們協助撿骨流程，並請家屬每個人親自撿三個骨塊放入骨罐內。此時我會說吉祥話：「坐合正、坐合穩、坐合栽（閩南語）。」頭蓋骨會置放於骨罐最上方。待完成後封罐並裝在骨罐背袋內，由長男背在胸前由師父引路、禮儀師陪同進塔安厝。

　　有一次，家屬約我至家中喪結，一進門，全部家屬表情嚴肅地看著我，我正襟危坐地坐在客廳沙發上，心想：「整個治喪過程堪稱圓滿，沒有出什麼狀況、差錯啊？」

　　此時所有家屬突然站起來，向我鞠了個躬。我嚇了一跳，立即起

撿拾先慈三個骨塊放入骨罐內，頭蓋骨會置放於骨罐最上方。（作者自拍）

身，正待詢問發生什麼狀況。

　　家屬：「張處長，謝謝您對先父治喪過程服務的盡心盡力，我們都非常感謝。昨天在撿骨的時候，是大姊先看到先父的骨罐盒外寫著○○○老先生，只有您加上對我父親的稱謂。其他禮儀公司的盒子都只有連名帶姓寫著亡者的名字而已，只有您對父親有尊稱。當下大姊私下跟我們所有人講這件事，大家看到後都非常感動，眼淚差點又要滴下來了。」

　　我：「嚇死我了！大哥、大嫂、大姊……，我還以為是我服務出了什麼狀況。這本來就是應該這麼做的啊！我想每個人都該被尊重地加上稱謂吧！」

　　家屬：「我們一直都覺得你不苟言笑、一板一眼，原來你不只字

寫得很漂亮，而且還那麼溫暖。」

　　喪結後請家屬填滿意度調查表，想當然耳是非常滿意。大姊又在建議欄寫了一長篇感謝詞，把我寫得太優秀，我都不好意思了。原來我不經意三個字的稱謂，可以讓家屬感動。文字也是可以富含溫度的，但只要無意間說錯話，就會全盤否定我所有曾經的好。世上又有誰能十全十美？人與人之間的相處，如果只想對方的優點，人生是不是會變得更美好呢？我相信會的。

第一次承辦的客家喪禮

　　擔任禮儀師早期，曾經服務屏東縣內埔鄉一位客家籍老先生，那是我第一次服務客家喪禮儀式流程，唯恐服務不周，我每天都到喪家報到，雖然是菜鳥的我卻相信勤能補拙。

　　連續去喪宅協調治喪事宜三、四天後，也與家屬熟絡了些，大姊突然跟我說：「小張，你每次來都沒有發現我們和親戚朋友、左鄰右舍都一直在吃嗎？」

　　我：「有啊！只是我不好意思問。」

　　家屬：「我跟你講喔！我們客家習俗，治喪都會準備飯湯給前來的人食用，因為在家辦喪事會影響周遭住戶日常生活起居，所以要準備飯湯讓鄰居食用，對喪事這段期間造成的不便表達感謝及歉意，只要有來的人，我們都得盛上一碗飯湯給對方。你也一樣喔！」

　　我：「大姊，我剛剛有吃了耶！謝謝啦！」

　　家屬：「不行，一定要吃，這是我們的規矩。」

　　於是我看著大姊盛上一碗飯湯給我，重點是用大碗公盛的。此事後我學乖了，無論我什麼時間點去喪家服務，一定會空著肚子，否則胖一公斤很容易，減一公斤卻是極其困難的一件事。看著我越來越臃腫的啤酒肚，天啊！蹲下來肚子會頂到大腿ㄟ。

　　到了第六天，在喪宅遇到前來上香致意的母舅告訴我：「我們客家禮俗出殯當日才拜孝服、著孝服；要告祖、祭天地；要有銘旌旗、諡法；在告別式場前擺桌放全羊、全豬……。」

銘旌旗、諡法。（作者拍照）

諡法。（作者拍照）

我心想：「慘了！」先趕快聯絡能聯絡的學長、前輩，那些到底是什麼東東？不恥下問地請教許多同業、老店葬儀社，總算理出一些頭緒以及可以請誰協助幫忙，最後只差由哪位來主持告祖、祭天地儀式。只好硬著頭皮到喪宅請教家屬，並取得母舅的聯絡電話，虛心求教詢問舅舅內埔在地有沒有仙仔可以做此儀式？舅舅告知，隔天下午（頭七當天）住在長治鄉頗有名氣的客籍邱姓地理師，會來與家屬溝通告別式前的習俗做法與儀式流程。

告祖、祭天地。（作者拍照）

　　頭七當天早上，延請師父誦經儀式後，我一直待到下午邱地理師到來，先與他交換名片。看地理師名片是金香燭店，就在我老家長治

鄉進興村圓環附近，突然想起我屏東高中同班同學邱○○住在附近，家裡也是開設金燭紙店的。結果邱地理師說那是他兒子，那這場喪禮就請阿伯協助幫幫忙唄！

在旁待著聽他與家屬協調相關事宜結束後，我在喪宅外與地理師抽菸聊天，就請他處理家屬要燒的15億庫錢、庫錢車；告祖、祭天地儀式；還有銘旌旗、諡法；在告別式場前擺桌放全羊、全豬等，都一併安排。我是他兒子的高中同學，嘿嘿！他當然不好意思拒絕，於是欣然同意，更何況也能有些微薄利潤啊！

事後想想，我運氣真的蠻好的，第一次承接客家村的喪禮儀式的案件，最難搞懂的客家習俗、習俗，竟然遇到同學的父親是地理師可以協助幫忙，治喪過程我也請教他很多客家喪葬習俗。緣分還真是無法解釋。

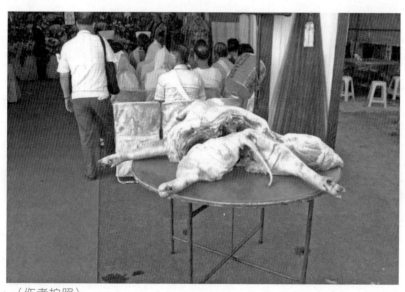

全豬。（作者拍照）

全羊。（作者拍照）

一百零三歲的人瑞老阿嬤

　　承辦子孫滿堂的老阿嬤人瑞的喪禮，是辛苦但也是輕鬆的。此次來到屏東縣長治鄉，是因為以前的家屬介紹我去服務他朋友的祖母，我又想到住在長治鄉同學父親的地理師阿伯，電話聯絡請他再協助此次的客籍喪禮儀式。先前留下個上善若水之行，眞是善緣。

　　當時一百零三歲的老阿嬤是屏東縣政府登錄在案的人瑞，而老阿嬤有七個兒子、八個女兒。長子都八十幾歲了，而且身體堪稱硬朗。訃聞名單共有一百一十位，都當六代天祖母了，來孫還在襁褓當中，所以我一直到做頭七誦經法事那天，才把所有十五房衍生的後代子孫名單核對正確無誤交付印刷廠印製訃聞。於是建議家屬指派代表參與治喪協調，不然我一人對眾人ㄟ。所以當時跟我對接老阿嬤後事的家屬是長孫，而且長孫也六十好幾了。

　　將祖宗十八代系統表整理如下，前九個叫爲祖代，後九個爲宗代。

己身由所出（作者製表）

自己 （祖代）	自己 之父	父親 之父	祖父 之父	曾祖 之父	高祖 之父	天祖 之父	烈祖 之父	太祖 之父	遠祖 之父
稱謂	父親	祖父	曾祖	高祖	天祖	烈祖	太祖	遠祖	鼻祖

由己身所出（作者製表）

自己 （宗代）	自己 之子	兒子 之子	孫子 之子	曾孫 之子	玄孫 之子	來孫 之子	晜孫 之子	仍孫 之子	雲孫 之子
稱謂	兒子	孫子	曾孫	玄孫	來孫	晜（ㄎ ㄨㄣ） 孫	仍孫	雲孫	耳孫

長孫大哥告訴我：「我們家族龐大，目前有在工作賺錢的就超過六十位，只要每個人拿一萬出來就有六十幾萬，應該夠吧？」

我：「夠、夠，火葬儀式夠了；如果是舉行土葬就不一定了。」

長孫大哥：「那我阿嬤用火化的方式就沒問題了，所以後續有什麼儀式需要費用的，還是你覺得不夠的需要增加什麼，只要跟我講一聲就可以了。」

我：「好的，大哥。」我心想：「那真是太好了嘛！」

爾後的服務，每次我看著陸陸續續一直增加的奠禮花籃、花圈、罐頭塔，心裡就產生莫名的恐懼感。我心想：「慘了！奠禮會場該怎麼布置這些奠弔品？光是搬好擺放至正確位置就傷腦筋了。」

出殯前一日，我只帶了一位跟案助理專員去現場布置，算了算有八十幾對花籃、五十幾對罐頭塔、花圈五十對，搬了約半小時後，我心裡轉了轉念想，於是乎……

我：「長孫大哥，可以請您幫個忙嗎？可以請小朋友幫忙搬一下花籃、花圈、罐頭塔……這些奠弔品嗎？」

長孫大哥：「可以啊！沒問題。」

長孫大哥轉身面向告別式場外，清了清喉嚨，大聲喊道：「輩分

比我小的全部到這邊集合。」當時我就站在長孫大哥旁，我還嚇了一跳，我心想：「家族輩分還蠻好使的。」一下子面前就來了約五十幾位三、四代的小朋友家屬。

　　長孫大哥：「聽張先生的指揮號令，搬花籃和這些東西就定位。」

　　於是一小時就解決所有擺設，如果沒有家屬的幫忙，我想我和專員兩個人應該要搬到半夜，可能還會搬到手軟腳軟的了。

部隊與公部門的意外事故，任務結束、人員稍息，就地解散

　　風無相、雲無常，人生無法預知下一刻，甚至是下一分下一秒。人們常講：「我們永遠不知道明天和意外哪一個會先遇到。」死別誰都無法逃避、生離卻可以避免。真的不懂為什麼人非得在失去之後才來後悔、遺憾。「珍惜」這兩個字，永遠是需要學習的人生課題。意外無所不在，所謂「馬路如虎口」。但千萬別認為不出門就不會發生意外。有人在家看電視，車子會撞進家裡；有人停在紅燈路口，車輛會從後撞來；有人在家吃著晚飯，飛機會掉進家裡⋯⋯。有太多的死亡是我們無法預料、想像的。

　　剛升任禮儀師時，陸續服務過部隊與公部門人員執勤的意外事故：三軍聯訓爆炸案、彈藥庫爆炸案、兵工廠化學鍋爐爆炸案、消防救災意外、員警槍戰值勤意外⋯⋯。人的生命太脆弱了，這些因公殉職的英雄，死有輕於鴻毛、重於泰山。然而，依照民間信仰習俗，家屬仍需要至現場引魂。任憑家眷怎麼哭喊，卻總是無法順利三魂七魄歸神主地完成擲三筊儀式，當下急得如熱鍋上的螞蟻般，只能請師父再次弔魂。

　　主管幕僚突然湊到我耳邊說：「殉職的官士兵平時很怕我們長官、怕做錯事，像老鼠看到貓一樣。是不是因為這個原因，所以他們不敢靠近，無法順利引魂？」

　　我：「有可能。而且任務沒有完成，無法回單位覆命、無顏見長官。報告長官：『請問您是現場最高指揮官嗎？』」

長官紅著眼、顫抖著回答：「是的，怎麼了嗎？」

　　我把可能的狀況分析給長官聽，希望他能暫時離開引魂現場。長官依照我的要求先行離開，待師父重新引魂弔請儀式後再擲筊，仍然無果。此時孝家眷又跪著哭成一團，一時間我也無所適從、驚慌失措。「慘了！怎麼辦？怎麼辦？」我回想以前在新訓中心時，值星排長曾疏忽沒有交代班長部隊解散，整個連隊就在連集合場立正待著，所有人都不敢動，等排長處理完與連長的公務後才發現，就對值星班長大聲喊道：「叫部隊解散。」所有連上弟兄才敢動。於是我又請指揮官回到引魂現場下命令：「任務圓滿完成、任務結束。部隊通通有，所有人稍息、就地解散，歸建休息。」並稱呼殉職弟兄的名字、職稱，命令部屬聽師父的引導。於是很神奇的，全部連續擲三個聖筊，總算完成引魂儀式。很多時候總是需要一次失敗經驗後的累積，才能造就事情的完善。

就這麼收下我禮儀公司的名片

　　早期臺灣社會，民眾對保險公司、保險業務員普遍都避之唯恐不及，認為保險是因為可能會發生意外或病痛，所以是不吉利的。到了現代，民智開放、教育程度提升，對於保險觀念的接受度已大幅提升，甚至是要保人因本身的投資與財務規劃而投保，更甚者是個人有多張保單的情形亦相當普遍。雖說保險保生的觀念，民眾已有較高接受度，但相對於死亡，喪禮服務禮儀師職務的名稱，本身就已是民間禁忌。俗稱：「扛死人、賺死人錢的。」

　　民眾對於禮儀公司的從業人員一樣避之唯恐不及。況且家屬和病患都希望疾病能夠痊癒、生命能夠延續下去，非常避諱禮儀師或從業人員先行拜訪、遞名片；葬儀社人員的到來也似乎象徵死神降臨，好像我們是牛頭、馬面一般，意謂病患即將面臨死亡。家屬及病患絕大部分都相當排斥甚至厭惡葬儀社人員，我就難得地遇到喪宅隔壁住戶的阿桑主動跟我要名片。事情是發生在自宅承辦喪禮的個案，老菩薩入殮打桶、靈堂搭設完成的隔天，我到喪宅治喪協調。

　　家屬：「張先生，一大早隔壁的阿桑就跑來我們門口大聲叫罵，說一定是我們沒處理好，讓她孫子早上騎腳踏車出門上學，就在她家門口摔了一跤。」

　　我心想：「屋前鐵架、帆布都完全遮住了呀！」「沒事，大哥、大姊，我來處理。」我不敢離隔壁家門口太近，於是在騎樓外喊道：「五郎地ㄟ沒？」此時阿桑走了出來。

　　我：「阿桑里賀，平安順心、發財喔！哇係隔壁老菩薩承辦的禮

儀公司。」

阿桑：「蝦咪係禮儀公司？」

我：「阿就葬儀社啦！哇姓張，哇聽隔壁孝男講說您寶貝孫騎腳踏車跌倒喔！伊郎五安抓沒，係底叨位？」

阿桑走到她家騎樓外馬路邊指了指地下說：「底佳啦！」

我一看，柏油路面有一個窟窿，跟我啥關係啊？我心裡轉了轉，「阿桑，我有淨符給你，這是師父在佛前唸經加持四十九天，也有作醮、爬過刀梯的道長寫的五龍神淨符。你要哪一種？」

阿桑：「可以都給我嗎？」

因為我只想一次給一張，於是說道：「這一個佛、一個道，只能給你一張啦！」

阿桑：「我有吃齋唸佛，要用哪一種？」

我：「用佛教的啦！」

於是我去車上拿紅包袋裝好一張淨符給阿桑，「淨符要燒在碗裡加水，給你寶貝孫灑一灑、淨一淨，著驚嘛嘛吼、放青屎、睏袂去，攏總揪五號。」

阿桑：「賀！金多蝦。」阿桑走到門口又回頭跟我要了張名片，「沒夠再跟你討。」

我：「大哥、大姊，我處理好了。」

家屬：「張先生，你真牛，阿桑不太好溝通ㄟ。」

我：「山人自有妙計，我是師奶殺手唄！不過要麻煩您通知里長，阿桑家門口馬路上的凹洞要用柏油補一下，不然再發生我也無法自圓其說了。還有順便請里長到轄區派出所拿道路搭棚許可，我們要先申請法事及出殯搭設棚架告別式會場的道路使用權。」

大姊問道：「張先生，我們跟里長不太熟，這樣會不會太麻煩里長啊？」

我：「放心！不會，里長巴不得我們喪家麻煩他。總是要留點事讓里長有服務的機會，大姊下次我們得投一票給他喔！」

爾後阿桑每天跟我要一張淨符。其實阿桑很聰明，她很清楚知道淨符的好用之處，只是一般不太好取得而已。於是平時我遞不太出去的名片，她就這麼收下了我的名片。

手臂貼著我名片的音樂老師

臺灣民間習俗的說法——自己結束生命，七世輪迴都會如此這般。那是一個秋意微涼的清晨，分公司行政接到電話說有家屬想了解喪葬事宜，於是我撥通了電話，是位年輕女性的聲音。簡單詢問了她的信仰以及治喪需求，一直到半個多月後我到達現場接體時，我才知道她詢問的竟然是她自己的身後事。我還納悶她在電話中說的一些專有名詞，應該是對殯葬禮儀有一定程度的了解，當下還以為她是同業競爭對手陣營來試探軍情的，說話不免開始小心謹慎起來。說了約莫半小時，她要求見面講解。我心想：「當面講解更好，我才能看得到對方的表情，以判斷她是否真的只是來詢價的。」到達約定地點，她已站在路邊。我搖下車窗詢問：「請問您是陳小姐嗎？」

陳小姐：「是！你是張處長？」

我：「是的。」於是我趕緊下車走到她面前遞上我的名片。

她看著名片說道：「哦！張榮昌處長，你也是禮儀師？」接著她抬頭看了我半晌……。

「是的，陳小姐，我是剛才與您通電話的禮儀師張榮昌。還是我們去金礦坐著聊，我再跟您詳細解說？」

陳小姐：「不用。」結果她轉身開了我的車門逕自就坐上副駕駛座。

真高傲！說不用又幹嘛叫我來？幹嘛還上車？我坐上駕駛座，「陳小姐，您說不用的意思是？您怎麼又上了車？」

陳小姐：「開車！去你電話中說的那個寶塔。」

我：「蛤？」

陳小姐：「蛤什麼？開車！」

當下我怎麼覺得我是霸道女總裁的保鑣兼司機？幹嘛講話這麼奇怪？

我：「陳小姐，請問未來要擺放長生塔位的是您的什麼人？我必須知道生辰八字，就是出生年、月、日、時，所謂的『四柱』，我才能擇定適合的方位。」

陳小姐：「你會擇日看風水方位哦？」

我：「這個略懂、略懂而已。」

陳小姐：「不用，我不信這一套，你先載我去看環境就好。」

一路上我接了數通正在承辦的家屬打來詢問治喪習俗禁忌，我一一回覆。掛掉電話後，她突然問我：「你做這行多久了？」

我：「哦！有十幾年了。」

陳小姐：「十幾是多久？」

我心裡犯嘀咕了一會兒：「有十二年了。」

陳小姐：「嗯！十二年應該夠了。」

十二年應該夠了？我心想：「是什麼意思？算了，不要問，免得她又有奇奇怪怪的回答。」一直到事情發生後，我才知道，原來她當時一直在評估我是否有足夠的專業來為她本人做服務。當時她的言語態度還故意很不好，也是在測試我的耐心以及服務態度。因為告別式當天，她所教授音樂的學生所表現出的悲傷程度，我想她一定是位教音樂的好老師。

到達現在的高雄市大樹區某私人合法寶塔時，她真的只憑感覺在選樓層、選位置。5萬的她不喜歡；10萬的位置也不要，最後選了個

18萬的個人位。

陳小姐：「張處長，這個位置適合嗎？」

我心想：「不是說不相信陰宅風水這一套嗎？」

我：「如果您覺得順眼、感覺對了就可以。反正五行相生也相剋，方位相沖，我也會想方設法解化的。」在選塔位這件事情上，陳小姐倒是蠻阿莎力的，但卻要求權狀所有人要用她弟弟的名字。後來才知道，這塔位原來是給她自己使用的。回到市區，她好像了卻了一樁心事般輕鬆了些。

陳小姐：「張處長，我們找個地方坐，您再跟我詳細解釋整個喪葬流程。」

於是我在咖啡廳花了近兩小時說明解釋，最終把所有儀式、流程、費用等確認清楚，並於隔天將殯儀部分以及塔位葬的部分簽約，而且全部費用繳費完成，我說：「陳小姐，殯的部分先交訂金就可以了。」

陳小姐：「我不能全部結清嗎？」

我：「陳小姐，您誤會了，不是不能啊！好，好，就按照您的意思，您說、我照辦。」

陳小姐：「很好！張處長，我想請問您是幾年次的？」

我：「哦！我五年級尾的。」

陳小姐：「蛤～原來您年紀比我還大，我還想稱呼您小張呢！怎麼我看起來比您還要蒼老？不好意思，張大哥，我可以這麼稱呼您嗎？」

我：「可以，沒問題。只是父母猶在不言老喔！陳小姐。」我心想：「怎麼突然這麼客氣啊？慘了！沒事獻殷勤、非奸即盜。不會是

想殺價吧？費用我的開價已經很實在了。」

陳小姐：「張大哥，我想請問您對於無力殮葬的喪家，您是怎麼處理的？會無償協助嗎？流程是怎樣？」

我回答：「我們會針對這類稱爲『慈善件』的喪葬個案，對喪家無償協助辦理。但其實民間慈善會會募款喪葬費用。如此一來，我們就不會是以營利爲目的，說穿了就是只收成本費，服務人員賺些工錢而已。」

陳小姐：「那你有認識的慈善會嗎？可以給我聯絡方式嗎？」

於是我把位於鼓山區的慈善會聯絡方式給陳小姐。

我：「那麼陳小姐，請問您還有什麼問題需要我答覆您？」

陳小姐：「沒有了，謝謝！」

接著我就要先行告辭離開，離開時她又向我多要了兩張名片。時隔半個多月，我突然接獲消防局電話，有位女性跳高雄市愛河自盡，要求我現在立馬趕到現場。奇怪？消防局怎麼會知道我的電話聯絡我？有案件接先不管了，到現場再說吧！我一到現場，就有消防局、水上救難大隊的四、五個人圍著我，霹靂啪啦臭罵我一頓，說我薄情寡義、欺騙人家感情、辜負人家、害人家懷孕⋯⋯之類的話。到底是什麼情況啊？不好意思，到底是怎麼回事？是發生什麼事情？

消防弟兄：「你還在那邊推卸責任，到底是不是男人啊？人家一位漂漂亮亮的女生爲了你跳河自盡。」旁邊一位女性消防隊員還喊了一句：「渣男！」當下我還眞的是莫名其妙。於是幾個人拉著我到岸邊，當下我還以爲我會被踹進愛河呢！此時大體已打撈上岸，等地檢署檢察官指揮後續刑事相驗程序。

消防弟兄：「你看人家好好一個女孩子，左手臂上用透明膠帶纏

繞好幾圈貼著你的名片，然後跳河自盡。你就是那個渣男啦！」

我蹲下定神一看，怎麼會是陳小姐？我正想要解釋之際，幸好管區員警就通報，在不遠處發現陳小姐的自小客車，車門沒鎖，她的鞋子、包包、證件都在車內，重點是她的遺書也在車內，用釘書機釘了張我的名片。遺書中說明原委，並請好心的有緣人代為聯絡我前來協助處理。

消防弟兄：「拍謝、拍謝！不好意思，都是誤會。」

我：「沒事啦！這種情況任何人都可能產生誤會。」

在等檢察官有下一步指示之前，我即聯絡接運人員、車輛前來等待接運，過沒多久檢察官諭令先送殯儀館冰存，隔日再做刑事相驗。此時現場勘查採證組已經完成作業，就交由我們裝載大體保護袋後，接送至殯儀館冰存。我經由管區員警取得陳小姐弟弟的聯絡方式，需要家屬出面簽署治喪委託同意書及交付身分證明文件，以利辦理喪禮事宜。爾後我就依照先前簽訂之契約內容，完成她的身後事。

治喪過程中，她弟弟才說姊姊是音樂老師，有長期的憂鬱症，一直有定期就診心理醫師協助治療，但病情時好時壞，最後還是發生不幸。唯一的姊姊選擇輕生來結束生命，身為被留下來的家人，心中的傷痛可能比輕生的當事人還要難以撫平。只要人還在，都得要好好珍惜。出殯前兩天，慈善會總幹事電聯問我是否有承辦陳小姐的喪禮？我回說：「對！是我服務的，而且她在生前就親自參與她的後事規劃了。總幹事，怎麼了嗎？」

總幹事：「因為陳小姐過世前幾天捐給慈善會50萬善款，我們聯絡她表達感謝之意並要寄捐款收據給她，結果是她父親接的電話，才告知陳小姐目前發生的狀況。理事長說出殯當天要來參加公奠

禮。」

　　我：「後天08:00在○○堂禮廳舉行家奠禮，08:30公奠。」

　　出殯當天，陳小姐的弟弟告訴我：他姊姊把這些年教授鋼琴的存款收入兩百多萬都做了妥善的捐贈，扣除殯與葬的費用外捐給了慈善會、孤兒院、民間弱勢團體，遺愛人間。

　　喪禮圓滿結束後，偶爾會想起我竟然沒有發現她是來預談自己後事的重度憂鬱症患者，接到警消的電話趕到現場，親眼看到她最終還是自我結束生命地躺在愛河岸邊，當時的我不太能理解到底有什麼過不去的坎？到底是什麼原因，非得選擇用這樣的方式來解決呢？年歲漸長，經歷過一些事情後才慢慢地明瞭——「未經他人苦、莫勸人大度。」我並沒有經歷過、體會過祂的悲、祂的傷、祂的痛、祂的苦，那些祂不知道該如何對誰說的負擔，也不知道可以向誰訴說的痛苦，或許這種民俗上禁忌的自我了結方式，對祂而言可能會是一種解脫。我只能衷心祝福祂一路好走也一路走好，希望這會是祂自我結束的最後一世。願其償還完世間債、超渡累世的冤親債主後，榮登彼岸、脫離輪迴之苦。

海線道長解釋的四果

我們企業化經營的禮儀公司，要打入高雄海線區域承辦服務喪葬事宜是非常困難的。曾經有一次接到電話，在現在高雄市永安區要拚廳回自宅辦理後事，治喪幾日與家屬稍微熟悉後，我詢問亡者老先生護喪妻，怎麼會找到我們來負責承辦老先生的後事？然後老阿嬤跟我講，因為長子有在跑宮廟，所以有認識葬儀社；女兒有參加佛教團體，會員也有葬儀社的人；小兒子有認識紅頭司公。因為家屬各自有認識的禮儀公司，所以給誰承辦大家都不服。最後只有完全沒有認識禮儀公司的大姐出來講了句話：「不然就找我們完全都不認識的公司來承辦。」於是打○八○○免付費電話找到了我們，當知道是海線拚廳，也沒人敢去接案。

「處長，您最資深，您去接案吧！」這也是我第一次承辦海線的喪禮，其實內心是有點忐忑不安的，因為畢竟海線的習俗做法繁瑣，唯恐處理不好造成客訴。

第一次治喪協調時，我一直記得師父告訴過我：去人家庄頭要尊重地方人士，畢竟侵門踏戶到人家地盤，說穿了就是要分一杯羹給庄頭的店家賺。於是我問家屬有沒有認識的金紙店、糊紙厝店還有道長？最後老阿嬤說：「咱這個村，都是請某個道士壇來做司公。」於是我就請家屬聯絡道長參與治喪事宜。沒多久就看到仙風道骨，留著花白八字鬍的老道長前來。於是我讓座給老道長，待他與家屬溝通後續所需做的司公法事後欲離開，我就跟在老道長身後，請老道長留步。「道長您好！我是禮儀公司的。」遞上我的名片，「我姓張，後

續法事的時間，有什麼需要我配合的請道長吩咐。我不懂的地方還請道長海量包涵，給我們晚輩一些指導。道長，可以跟您請教一張名片嗎？」

道長：「我沒帶，下一次給你。」

我：「道長，請問咱庄頭你有認識糊紙紮的嗎？賣庫錢的有認識嗎？」

道長：「我師弟就是做紙厝的，阮表小乀就是賣庫錢的。」

我：「那這樣紙厝、庫錢可以請他們處理嗎？還是道長可以給我他們的聯絡電話？」

道長深深地看了我一眼，對我笑了笑就離開了。之後我跟道長稍微熟悉了些才知道，那個笑容是對我的肯定──這少年家還蠻懂人情世故的，不像有些禮儀公司，做殯葬沒多久，穿著西裝、打著領帶，就以為很懂葬儀就開始飄了、目中無人。好不容易承辦海線喪禮遇到這麼資深的老道長，治喪過程中我請教道長很多問題：「道長，請問為什麼我們要拜四果？『四』這個字不是不好嗎？」

道長：「嗯！四果代表一年四季，代表每年、每季，家眷都會記得祭祀祖先、家神。五果是拜神明的，多一果代表神明地位一定是比較崇高。」道長的解釋是我請教很多人之後最能接受的答案，於是老先生的喪禮儀式就在雙方互相配合下圓滿完成。

送祭品的計程車

　　承辦自宅外場喪禮，最怕的是帶的物品不夠，臨時要去哪裡找，就像出殯時候的回禮毛巾、親戚的頭白巾，臨時喪家長輩提出要做的儀式，都是我最擔心的事情，所以治喪協調我都非常詳細地詢問家屬需要我們做的儀式，例如是否需要地方父母官點主？男性長輩過世叔伯封丁、女性過世娘家母舅封丁；是否需要接母舅……等。

　　有一次我承辦屏東縣萬巒鄉的喪禮，因為公司的公務車需要載出殯用品，所以我請專員出殯當天早晨從公司出發，出殯祭品、返主祭品、進塔祭品等只能當天早晨才能準備好上車，再出發前往萬巒鄉，而我則直接自行開車到喪宅。一般我都是最早到達現場的，當我看到公務車到達，第一件事情就是拿祭品準備擺放在告別式場的祭臺桌上。沒想到，當我打開九人座後車廂門，竟然沒有祭品！我問了一下專員小陳：「祭品呢？」其實他的臉色已告訴我：一定是忘了帶上車了。我心想：「慘了！」

　　高雄到萬巒，再回去拿怎麼來得及？當下沒有多餘的時間讓我細想，於是我趕快打電話到公司，請單位的同仁幫我攔一輛計程車，請他把所有的祭品全部上車，讓他用最快速的速度送到萬巒。之後我再把地址傳給在公司的同仁請他交給計程車司機，並請他索取計程車司機的手機號碼，以便在中途我可以與司機大哥聯絡。發生這種慘況，我也只能硬著頭皮向家屬承認錯誤，並解釋因為祭品有時效性，不能前一晚先行準備好，只能當天清晨備好，目前已在前來的路上。終於體會何謂「度秒如年」，心裡急得如熱鍋上的螞蟻。終於在表定家奠

禮開始後十多分鐘祭品送到，我立刻叫專員趕快先把祭品擺好，讓儀式開始進行。剛好母舅此時到達，「小陳，先接外家代表，我與計程車司機大哥結清車資。」

司機笑說：「開了十幾年計程車，第一次載祭品……。」

我也只能苦笑：「司機大哥，費用多少？」

司機大哥：「我沒亂收，照錶收費的哦！一千兩百元。」

我給了他一千五，再遞給他一張名片，「如果因為送祭品趕來，超速被拍照舉發就打電話給我，罰款我會付。」他抬頭看了我一眼，點了點頭就開車離開。

整個告別流程進行中，看得出來我的助理專員小陳擔心害怕被我罵，雖然知道他不是故意的，但畢竟粗心大意犯了錯。事情圓滿結束後回到公司，我還是重重舉起準備開罵，最後輕輕放下小唸了幾句。他還講理由，我說：「小陳，不要跟我講藉口，要理由我可以給你一百個理由。你給我寫檢討報告及改善措施，後天交給我，其他的問題我處理。」

小陳：「處長？家屬會不會客訴啊？」

我：「就跟你講我會處理家屬啦！瞎操心！我是承辦禮儀師，只要是公司同仁或廠商犯了錯，我都得概括承受、責無旁貸。沒理由的啊！」後來喪結時，我還是先主動致歉、承認失誤，結果反而家屬四姊安慰道：「沒事啦！小張，不是剛好舅舅路上塞車也晚到嗎？」

後來舅舅還以為我們為了等他，延遲家奠禮開始的時間呢！還真是因禍得福。這件事經過近二十年了，我還是印象深刻。我告訴自己不要再遇到相同的狀況了。人有三急算什麼？這種超級急迫性的經歷才真的是會急死人的。

換休旅車

又是淹水！早年高雄尚未設置滯洪池的時候，每年幾乎都會淹水。記得有一次前一天下了一整晚的傾盆大雨，雨水好像是用倒的一樣，到隔日清晨雨仍然沒有停歇的意思。到了下午三、四點，雨勢稍微減緩，我由前東家高雄左營區服務處，要送印製好的訃聞到屏東喪宅給家屬。開著我之前的自小客車出發，才開了約五、六公里，天啊！前面汪洋一片。我停在地勢比較高的人行道上，所有自小客車都不敢繼續前行，有車輛進水拋錨了。

此時接二連三幾輛車就這麼從旁邊呼嘯而過，休旅車……休旅車竟然可以涉水而過！我只能待在車上進退不得，於是電話通知家屬我今天無法過去了。

家屬：「沒關係啦！張先生，今天大風大雨的，就不用過來了。」

就這麼在車上待了幾個鐘頭，天已黑、雨也大、積水深、肚子餓、口又渴，這到底是什麼跟什麼啊？記得附近好像有家汽車旅館，脫了鞋襪、撩起褲管、帶著隨身公事包。車子停在路邊，下車涉水行走。我也忘了走了多久，終於到了。櫃檯小姐看我一身狼狽時的表情，真想一腳踹下去——是有沒有惻隱之心啊？

櫃檯小姐：「先生，我們這裡也停電了，發電機只能供應房間幾盞燈，所以沒有冷氣喔！您還要住宿、休息嗎？」

可以休息就好。進去洗完澡，我坐在沒有冷氣房間的床邊。曾幾何時，人生怎麼會發生這種事呢？哇哩勒！連泡麵也沒有。我打電話

到櫃檯問：「有泡麵嗎？」

櫃檯小姐：「有啊！先生，一碗一百喔！」

我：「一百？○○××，好，我去櫃檯拿。」

走到門口，櫃檯：「可是先生，因為沒有電，所以沒有可以飲用的熱水。」

妳電話中不講！我總不成用浴室洗澡的熱水泡吧？此時手機電話響了，專員說：「師仔，你在那裡？」

「在汽車旅館啦！」我把狀況陳述了一遍，單位同仁笑倒一片……。

專員：「師仔，你等我一下啦！單位有瓦斯爐。」於是煮了泡麵瀝乾，騎腳踏車送來汽車旅館給我後回單位值班。

我吃著得來不易、碩果僅存的泡麵，心裡五味雜陳，殯葬人生怎麼會遇到這種情形，我想也是絕無僅有了。於是我在炎熱夏季的汽車旅館過了一個沒有冷氣的夜晚。隔天水終於退了，我一早趕赴屏東將訃聞交付家屬，上炷香、巡過棺木後隨即離開。接著我直接去汽車展間指名要買休旅車。昨天我氣到了，看不到一小時，「就這臺，我要了。我要在最短的時間內交車、刷卡。」

業代：「張先生，可是交車至少要等三個月以上ㄟ。」此時業代請店經理來：「張先生，我們盡量幫您調車，確保在最短的時間交車可以嗎？」

我：「好吧！」一個月後業代通知我調到車了。事後我回想：當初為了自己痛苦又氣憤的經歷，何苦為難人家業代這麼辛苦的全臺調車呢？

喪結時百萬行頭的家屬

在資訊尚未像現在這麼發達的年代，殯葬業的訊息都是人與人之間口耳相傳。當時許多人當然對於喪禮過程不了解，也造成許多以訛傳訛的說法。早年大部分的喪家民眾都認為殯葬業賺得非常多，其實不然，殯葬業的毛利率其實並不高。

曾經有過一個個案，老先生的後事，從頭到尾只有一個三十多歲的兒子，過程完全沒有其他人參與，所以整體費用並不高。而他只簡單地需要我為老人家豎立靈位、做完頭七，就移靈火化場火化。因為家中並無祖先牌位，所以牌位也隨同棺木火化。當時建議：「至少有您這一房，牌位應該留下來吧！老父親的靈骨會安厝在軍人公塔，並沒有神主牌位。」當然我們的建議家屬是可予以否決的。老先生第八天就完成整個後續喪葬事宜。大哥因為住在殯儀館附近，每天他竟然騎著腳踏車，穿著一身樸素的服裝到靈堂上香、早晚拜飯，過程中他也完全沒有透露他從事什麼行業，出殯圓滿隔日，他約我在公司喪結費用。

單位同仁突然看到一輛黑色全新的GLC300賓士休旅車駛入停車場，下來了一位身穿西裝、領帶、皮鞋的先生，我一看，這不就是一身樸素的孝男嗎？在喪結過程中，我看著他穿Giorgio Armani品牌西裝及襯衫、Burberry的領帶以及領帶夾、Montblanc的袖扣；看著他戴的IWC葡萄牙航海系列機械紀念腕錶；戴著水頭很漂亮、玻璃冰種的緬甸翡翠戒指；看著他襯衫上衣口袋夾著的萬寶龍筆Montblanc StarWalker系列。我心想：「這身行頭超過百萬了……。」還有那一

身不刺鼻，偶爾飄散出的男性香水味，而且還是很好聞的味道，濃而不郁、清淡典雅，又不失男人味。大哥看出了我納悶又奇特的表情。

大哥說：「這是臺灣新引進的香水品牌——潘海利根PenHaligon's，是1870年由威廉‧潘海利根創立，此品牌香水味道持久又不刺鼻。」

當時的我聽都沒聽過，我只知道CD、CHANEL、GUCCI、HERMES、YSL、VERSACE、HUGO BOSS、CK、Montblanc……。

大哥說：「以前我認為殯葬業都很黑暗，我只能穿樸素一點，怕你們亂開價。」

我說：「大哥，就算您帶著百萬現金跟我談喪葬流程，畢竟使用者付費的原則，如果您的治喪需求不多，我也不會亂開價啊！」我再次提醒大哥記得去辦理勞保直系親屬喪葬補助金，原來他的顧慮是這個原因，結完費用後我送他上車。

他車窗搖下來告訴我，其實整個治喪過程儀式、流程、費用都很透明，他已經對殯葬業改觀了。他苦笑接著說道：「現在全身的行頭只是他虛榮心的展現而已，他連下一餐飯還有車子加油的錢都不知道在哪裡呢。」當下我又愣住了！世上奇葩何其多，偏偏讓我都遇見。

我不辦了

公司法第一條：公司以營利為目的。在臺灣，很多商業行為的習慣都會開高價讓消費者砍價，但有些產業是不能砍價的，例如便利商店、大賣場有明碼標價的消費行為。各位看倌，以為喪葬費用不會殺價嗎？那就大錯特錯了？有些人是有反社會人格的。

曾經我在接案的過程中，從一開始的接運遺體到豎靈，過程中家屬一直百般刁難、嫌東嫌西、言語刺激，我只能本著家屬對於親人驟逝的悲痛造成情緒上的不穩定，來安慰自己要體諒家屬此刻的心情。但在第一次治喪協調時，家屬對我開的費用都要求我打折打到骨折、砍價砍到見骨，拉鋸的結果，才找到雙方都暫時可以接受的平衡點。但其實從家屬的表情中，我知道他們並不滿意。到了第二天，我所有的服務、所有的專業、所有請家屬配合要交付給我的死亡證明書、家屬身分證影本⋯⋯等，家屬都對我採取「不合作」的消極態度，我又再次忍下來。

到了第三天，家屬到靈堂，我早就在靈堂等候家屬。他們連話都不說，完全當我是個路人甲，我還是心平氣和地告訴家屬資料沒有交付給我，我沒辦法協助老人家辦理殯儀館、火化場的訂廳、訂爐作業。下午我到靈堂，家屬還是一貫的態度，我告訴自己不能生氣、不能發脾氣。於是我思考了一個晚上，隔天第四天，家屬依然故我。我說：「既然我與老人家、我與家屬沒有這個緣分，不然我的服務就到此為止。麻煩我們家屬另外找禮儀公司來接手承辦：我～不～辦～了！下午拜飯的時候我會來交接。」說完，我轉身就離開。

我們也是人，從事服務業的也是人生父母養、也是有尊嚴的、也需要被尊重。雖說顧客是上帝、雖說我該體諒喪家，如果委屈能夠求全我們就委屈吧！至少求了全；但如果委屈求不了全，又何苦委屈？人的忍耐是有極限的、是有底線的，忍無可忍就無需再忍。嗯！怎麼好熟悉的感覺？突然讓我想起先總統蔣公的「廬山談話」。結果孝女大姊跑出來追著我說：「不好意思，張先生，是我那個白痴弟弟硬說你們殯葬業都是流氓。」

　　我心想：「都是流氓？那你們還敢用這種態度對我喔？其實是你們其他家屬不願意給孝男認識的葬儀社承辦，所以他才處處針對我、找我麻煩，拚了命般的砍價。說穿了，沒承辦服務的案件永遠是最便宜的，就算是我現在斷頭由那家葬儀社接手承辦，在服務內容一樣的情況下，費用也會差不多，即使對方真的為了面子只收成本都不賺，但我們喪家需要因此欠對方莫大的人情嗎？」

　　大姊說：「其實這幾天，我們看得出來你已經很生氣了，但還是壓抑著性子很有耐心的為我們服務。昨晚我們其他家人已經把我那個白痴弟弟摒除在決策圈之外，以後的事情窗口對我就好，不用理他。」

　　我心想：「家家都有一本經，好不好唸而已。清官難斷家務事，況且我也不是官，不用理你那個白痴弟弟。『他生雞蛋沒有，放雞屎的有』，到時候就會是這種家屬破壞流程、造成儀式無法進行的情況。」

　　大姊說：「張先生，你要我們準備的資料以及訂金十萬都準備好了，等一下馬上就可以簽約了。」

　　唉！人在江湖飄，哪能不挨刀？人在屋簷下也不得不低頭，就算是英雄也得為五斗米折腰。更何況我也不是英雄，簽約、收訂後，接著好好盡心為老人家服務，承辦他人生最後一場儀式典禮吧！

一個輪胎的費用

一樣米不只養百樣人，我個人覺得，一樣米養千百萬樣人。曾經凌晨接體時只有一位兒子在現場，接運至助念室後，我請家屬填寫相關資料。這位兒子一身西裝筆挺，一副成功人士的模樣，卻告訴我：他父親的後事什麼儀式都不用，問我今天白天是否就可以火化？我說辦理火化時間上來不及，而且得先選擇安厝的塔位。

他回說：「不需要骨灰罐，也不需要塔位，火化後海邊灑一灑就好了。」然後問我三萬元可不可以辦？

當下我問這位大哥家裡的信仰有拿香嗎？

他回說：「有啊！我有拿香祭拜，家裡也有祖先牌位，但都是父母親在祭拜。」

我：「請問您應該有工作吧？就應該會有勞保。勞工保險對於直系親屬喪葬補助金，有投保薪資的三個月至少就有七萬多元了，您就沒想過為老人家至少豎立靈位早晚拜飯、做頭七超渡儀式，盡最後的孝道嗎？」

他冷漠地說：「我有勞保，但什麼儀式都不用，你只要告訴我三萬元可不可以今天早上就辦入殮火化？」

我說：「對不起！我沒辦法今天就辦理火化儀式，我們沒有這個緣分可以服務老人家。我可以讓老人家暫時在佛堂助念室聽佛號，八小時之後再冰存，請您找好禮儀公司再來接運。」於是他先行離開，一直到當天中午他開著全新的BMW X5休旅車到單位。過了一會兒，他找的禮儀公司派大體接運車前來，剛好我有認識該家葬儀社，我

問：「你們真的三萬元要幫他辦理嗎？」我不想用難聽的形容詞。

他回說：「對啊！不然怎麼辦？等等送到殯儀館不用洗淨、穿衣、化妝，直接四塊板入殮就送火化。」

我：「四塊板？會不會太那個了？這位大仔啊！今天不是三喪日大凶勿用嗎？今天就要入殮火化？」

接體人員說：「不然怎麼辦？有告訴家屬今天日子大凶，他回說：『沒關係。』」

我們沒有一定要家屬花費多高的喪葬費用，也沒有一定得需要相信風水擇日，如果是無力殮葬、經濟弱勢的家屬，可以不需要支付任何費用，我們會以慈善件的方式協助辦理。最後我站在門口目送他們離開。我看著這位大哥開著豪華進口車，我當下心想：「一個輪胎的費用都可以辦理老人家的後事了，有需要節省成這個樣子嗎？什麼都不做，就這麼急著當天火化嗎？不是還有勞保直系親屬喪葬補助金嗎？」三萬元不是不能辦後事，我不屑的是他對老人家的態度、要求立即火化的冷漠。老人家身上還有餘溫，說穿了是屍骨未寒ㄟ。我嘆了口氣，又能說什麼呢？

身穿六件衣服的出殯現場

這是一場寒冷到懷疑人生的出殯奠禮現場。在南部高雄地區，氣溫要降到十度以下的機率真的不高。記得有一次，服務鼓山區哈瑪星自宅的喪禮，那是一個過農曆年前最後一天可以火化的日子，當天還下著不算小的雨勢。雖然氣象說會有寒流，但凌晨起床，準備出發至喪宅，我真沒想到這麼冷，冷到車子顯示室外溫度六度；等我開車到哈瑪星，因為有海風，汽車車外顯示溫度竟然是四度。天哪！我出門已經穿了四件衣服了，一下車寒風刺骨的，我立馬上車找了一件羊毛背心、一件公司背心穿在身上，身上總共穿了六件衣服，但是我還是覺得好冷。又下著雨，雖說我們與家屬都穿了輕便雨衣，我想體感溫度應該更低吧？經過這次的教訓之後，我就買了懷爐。如果夏天穿西裝有人可以發明像懷爐大小的隨身冷氣，就算一個10萬我也會買，因為真的會熱死人。

家屬：「張先生，麻、苧衣有大號一點的嗎？」

我回說：「大哥、大嫂，孝服只有分成年人和小朋友的尺寸而已。」原來孝家眷同樣也穿了很多件衣服，麻、苧衣就顯小了……。幸好孝服綁在腰間的繩子夠長，還能打結綁住，否則就巴比Q了。沒多久師父出現了，師父不好意思地問我：「可以戴帽子嗎？」

我回說：「師父，拜託，冷成這樣當然可以戴尼毛帽呀！」我都冷到手一摸頭，頭就有點刺痛了，師父剃度乁，很難想像整個頭頂有多冷。這是一次出殯當日天候不佳，但家屬沒有任何微詞怨言，因為是農曆年前最後一天火化日，不然家屬就得戴孝過年了。當天晚上家屬就約我至家中喪結。同樣的道理，家屬也不想喪葬費用欠過年啊！

媒人公

　　從來沒想過，曾幾何時，我也會當媒人公。殯葬禮儀服務職業圈真的很小，不是面對家屬、就是同業；再不就是廠商而已。再加上工作時間的不特定因素，常會讓從業人員的另一半無法諒解，「有這麼忙嗎？」不好意思，還真的就這麼忙。

　　因此禮儀人員的另一半常常會是同業、廠商人員，因為了解所以能體諒。還有就是家屬，因為人在其中、親身經歷，更能體會殯葬業值班的辛苦與臨時出勤的工作型態。

　　在前東家擔任單位禮儀師處長的時候，單位對每位禮儀師執行的案件均會輪流配置跟案專員，以備承辦人服務集中忙碌時的職務代理人。我曾經因為通知接體急迫性先行接案到一個階段，因手頭上服務量較多，於是帶著我的隨行跟案專員小柳與單位另一位阿貴禮儀師到現場介紹予家屬認識，並交接服務內容。原本此案是輪到另一位專員小陳跟案，而不是由專員小柳跟案協辦的。

　　後來接案禮儀師阿貴跟我商量：「處長，可不可以這位往生老先生服務案件由專員小柳跟案？」

　　我：「他不是跟蠻多的案件了嗎？再讓他接也太操了啦！他不是一星期沒休假了嗎？」

　　處長：「他剛剛跟我講，他自願的啦！」

　　還任勞任怨、無怨無悔呢！幹嘛？一定有什麼原因？「讓他來跟我喬，我要知道是什麼原因。」於是阿貴向他招了招手，讓在不遠處的小柳過來：「小柳，你老實講原因，自己跟處長喬一下。」

小柳：「報告處長，那個家屬⋯⋯就是那個外孫女，就是長得很漂亮！就是那個我的什麼茱啦！」

嗯！平常算會講話的小柳竟然給我結結巴巴，那個什麼啦？驚為天人喔？

小柳：「對啦！處長，就是驚為天人啦！」

平常接跟案件推來推去、理由一堆。哈～算了，年輕人嘛！正常咩！我讓小柳偷偷指了指家屬外孫女，哦！哇嗚！我倒是真沒注意，確實是我們小柳的超級天茱類型，於是就順了他的意，這應該是小柳第一次這麼渾身解數、讓家屬感激涕零的一場喪禮服務吧！結果他們第一次約會，還是我去跟老先生女兒（小柳天茱外孫女的媽媽）溝通討論後促成的，只差沒幫他倆決定約會要看什麼電影、吃什麼飯。

在所有家屬完全贊成同意地交往數年後，兩人最終還真的走向紅毯，琴瑟和鳴、佳偶天成，結婚典禮喜宴再一包三千六的紅包。數年時間之後，小柳跟我說：「昌哥、副總，如果當年你拒絕我接跟案，我們也不會有如此美好的結局，還生了兩位可愛的女兒。」沒想到，從事殯葬業也能當媒人公，一段喪禮服務中幸福的小確幸插曲。

遺失的兩吋照片

　　怎麼來的就怎麼去，怎麼給的就怎麼還。喪禮服務項目中一般都有包括遺像的製作，所以喪家會準備亡者兩吋照片或者光碟片交給禮儀公司用以製作遺照。曾接到禮儀專員的電話：「報告副總，剛才案件送火化過火洗淨後，家屬在火化場大哭大鬧，我沒辦法處理。」

　　我：「係擱安抓啊？承辦禮儀師人勒？他在幹嘛？叫他去處理啊！是又出什麼槌？」

　　專員：「其實幾天前就發現家屬交給我們做遺照的兩吋照片搞丟了，單位有找，也請廠商找，就是找不到，家屬一直在問這件事。拖好幾天了，禮儀師剛剛才承認兩吋照片不見了。」

　　我：「怎麼沒有回報？」

　　專員：「報告副總，大家都覺得會找得到啊！」

　　我立馬趕去現場，在開車的途中，我先要求在單位的同仁再給我找一遍，即使掘地三尺也得給我再找，之後又打電話給廠商詢問狀況。我問頭ㄟ：「有一個案件兩吋照片搞丟的事，你知道嗎？」

　　廠商老闆：「副總哇哉啦！一直找不到。不過當初兩吋照片有掃描的電子檔，我也答應要做三個美編後的照片電子檔隨身碟給三位女兒，也有洗三張四乘六加框的給她們。但剛剛聽禮儀師說她們不接受，就是要原來的那一張兩吋照片。」

　　我：「頭ㄟ，麻煩再找一找啦！拜託、拜託ㄟ！」

　　廠商老闆：「賀啦！哇擱催幾勒！」

　　趕到現場，禮儀師、專員站在現場低著頭，而三位女兒哭到梨花

帶淚。我說：「平安，不好意思，我是單位主管，敝姓張。三位周小姐，大致的狀況我都了解了。首先為了這件事我先致歉！我們各方人馬一直持續在尋找老人家那張兩吋照片。假設、我是說假設，最後仍然找不到，您們是否可以接受我們的處置方式，就是——三個掃描電子檔隨身碟以及四乘六加框照片？」

三位姊妹：「我們不要啦！就是要原來的那張照片！」

我心想：「有需要那麼硬嗎？不過就是一張兩吋照片而已。」其實在過來的車上，我已經想好最壞的打算了。要折價多少賠償！也跟總經理回報了我的建議方案。

周大小姐哭著說：「那張照片是我父親臥病在床的時候從他的皮夾拿出來，親自在照片背面簽上大名，交代給我們三姊妹要做遺照的，對我們姊妹來說那是有紀念性的、那是無價的，那不是用金錢可以衡量的，所以你不需要跟我們道歉、談賠償，也不接受任何方案。親手交給你們我先父的照片，再親手交還給我們就好。你們為什麼就不當一回事？為什麼會不見？然後還是我小妹追問你們這件事，結果一直藉故拖延，到今天最後一天出完殯才承認遺失。」

當下我「以小人之心度君子之腹」相形見絀的慚愧。三姊妹不是要賠償殺價而無理取鬧，對她們而言情感才是擺在第一位的價值所在。我：「三位周小姐不然這樣，我建議，剛剛家公奠禮結束、發引火化，距離撿骨時間約還需要一個多小時，妳們先在火化場旁家屬休息室稍事休息，待撿骨圓滿完成我再跟您回覆後續。」

此時我先讓專員回單位卸下出殯裝備——取骨罐、進塔祭品……等，協助完成後續撿骨進塔事宜。「○○○你是在幹嘛？搞什麼東西？以前在單位不是就宣達過了嗎？家屬交給我們的物件，遺照洗好

後，原件照片就要盡快親手交還家屬；就算當下發現已經遺失了也比較容易找到，甚至還做表單要家屬簽收以資證明嗎？到底那張兩吋照片遺失在哪裡了？」

禮儀師：「副總，對不起！是我疏忽了。」

此時製作遺像廠商打電話進來：「副總，照片找到了，掉到阮公司兩個桌子的縫隙裡，還被兩張桌子夾住沒有掉在地上，不然早就會發現了。我馬上送過去。」感謝西方三聖佛、三清道祖、聖母瑪利亞、耶穌基督、白陽三聖、御本尊、阿拉眞主……保佑。

於是我和禮儀師立馬去家屬休息室告訴周家三姊妹這個好消息，沒多久，廠商將原件兩吋照片送到現場交還家屬。眼看她們三位立即破涕爲笑，之後圓滿老先生撿骨、進塔安厝流程儀式，而且家屬在進塔後也立即完成喪結，而且全額支付，可見三姊妹是性情中人。事實證明，她們並非無理取鬧之輩，心裡頭的大石終於可以卸下了。這件事情之後我常想，如果最後照片仍舊沒找到，結局不知道會如何？說眞的，我無法想像會發生多悲慘的結局。唉！不要錢的永遠會是最貴的。

汪洋中的浮木

　　一個艷陽高照的中午，先慈早亡、現在父親過世的獨生女孫小姐：「張先生，請問您什麼時候會來靈堂這裡？」

　　我：「孫小姐，我這邊家公奠禮剛結束，大概一個小時之後。」奇怪？昨天下午拜飯時間，不是先跟家屬預告了隔天我的行程，要下午才能過去啊！而且當天也沒什麼儀式要舉行，只有早晚拜飯而已。是又發生啥事？這已經是今天第三通催促電話了。

　　我：「孫小姐，請問是不是有什麼問題？您先告訴我，我請專員先去協助您處理。」

　　她回說：「也沒什麼問題啦！只是想問您什麼時候會過來？沒事⋯⋯。」

　　約莫一個多小時，這一場告別式、送火結束後，請家屬先去吃圓滿餐，再依時前來火化場撿骨，而後我趕去孫小姐父親的靈堂。

　　我：「孫小姐，怎麼了？是不是有什麼問題呢？」

　　孫小姐：「張先生，您終於來了。我是要問您，我這樣摺蓮花、元寶對不對？我要給先父陪葬衣物準備的對不對？」

　　兩天前，孫小姐元寶、蓮花就摺得很標準、漂亮了啊！我心想：「這個問題昨天不是問過了？況且我也檢查過沒問題了啊！」接著，她又問了好幾個之前重複問過的問題，我也只能耐心地再解釋一次。當下我的同理心可能尚未純熟，並不能體會她的心境。旁觀者清、當局者迷。後來專員妹妹跟我說：「處長，有時候你在忙其他案件，由我來做例行性的服務時，我發現孫小姐只要沒有看到你就會有焦慮感

ㄟ。明明我就在現場陪她講話、回答問題，然後她又好像有強迫症一樣，就是要打電話給你。」

我：「哪有那麼嚴重啦！」

專員妹妹：「真的啦！處長，而且很明顯哦！」

之後只要我去靈堂，在觀察簽名簿後發現，印象中只有老先生過世那天，他的胞兄、胞妹兩人來過一次，孫小姐公司的主管也來過外，也求證過專員小妹，確實沒什麼親友再來過靈堂上香致意了。想想連兄弟姊妹商量陪伴的對象都沒有，也不方便問她有沒有男友可以幫忙，除了我們承辦的禮儀人員，甚至沒有人可以跟她說話，可想而知，她的無助與孤寂，先嚴的後事能倚靠的好像也只有我們而已。我們就像汪洋中的浮木，她飄在茫茫人海中載浮載沉，我們這個浮木會是她拚了命都要抓住的救命物，心裡油然而生一陣酸楚。

臺灣人口數在民國109年開始，出生人口少於死亡人口數，已連續三年呈現負成長，而臺灣總人口數也持續減少。少子化對社會結構的改變衝擊確實讓人擔憂。當然也不是非得生育下一代來送終，只是一個家庭在遇到生死的大事，連個商議的對象都沒有，實在令人鼻酸。我也只能派單位服務人員，盡可能到靈堂陪伴老先生唯一的孝女孫小姐，希望她早日走出陰霾，有勇氣面對未來不可預期的挑戰。

你的開價比較貴耶！張先生

在殯葬業常會遇到事先洽談家屬病危老人家的身後事。

家屬：「張先生，你開價比較貴ㄟ！」

我：「大哥、大姊，因為經過兩個小時的洽談，我已經知道您的需求了，如果您再去詢問第二家葬儀社，並且告訴對方已經詢問好幾家，我保證對方一定會比我便宜。我也可以說得不清不楚，先以低價吸引您，後續再增添。但便宜沒好貨、一分錢一分貨。您同意嗎？」我寧可現在先與家屬溝通好喪禮所需儀式與費用，因為材質、數量、大小、多寡可能會再增加費用的部分，也鉅細靡遺地解釋清楚。雖然現在談好價格費用，但後續我敢保證一定會再增加，只是加多加少的區別而已。因為喪家會捨不得過世的家人，會自主性的想為祂多做一些，這是情感的外化表現。

例如我去吃碗陽春乾麵，老闆的娘也會問我要不要來碗餛飩湯、貢丸湯、魚丸湯……之類的。「不用啦！給我來碗清湯就好，幫我加個香菜。」嘿！此時你會看到好像欠老闆的爹一百萬的臉。

老闆娘：「不然來份滷蛋、海帶、豬頭皮……，都是我自己滷的喔！」

我：「不用啦！這樣就可以了。」此時你會看到好像欠老闆的娘五百萬的臉。三百六十行的商業行為都是一樣的，但我仍然堅持傻傻地事先說明清楚，並秉持著誠信原則。

男人哭吧！

「男兒有淚不輕彈」這句話，其實讓男性承受很大的壓力，哭泣好像會變成軟弱的代表行為。但壓抑自己的情緒、無法宣洩，只會適得其反。我曾經服務過一位住在臺南關廟四合院的老阿嬤，剛過世回到家中拚廳，所有家屬從外地陸續趕回，七個女兒、內外孫子女哭得天崩地裂般，只有家中年齡最小的獨子在水床邊看著老媽媽，面無表情、一臉冷漠；又好像一副事不關己的模樣。

早期臺灣媳婦嫁到夫家，如果沒有生個兒子傳宗接代、繼承家中香火，在夫家地位是會受到被當成眾矢之的責難。當下以為這個孝男應該會是老媽媽的天之驕子、三千寵愛，可能是個不肖子孫的代表。我們承辦人是沒資格管喪家的家事，把我們禮儀師該盡的本分責任做到就好。在初步治喪協調之後，我才發現孝男不見了。我心想：「奇怪耶！唯一的孝男要捧斗，位置很重要，是又要怎樣啦？」讓家屬繼續持念六字真言佛號為老阿嬤助念後，我走到三合院外抽菸。剛吸了一口菸，忽聞旁邊草叢後方有哭泣的聲音，而且聽得出來還摀著嘴哭。我往前走了幾步，看到的竟是大哥的背影。我愣住了！我錯怪大哥了。此時此刻他的傷心已然洩洪潰堤。當下我不敢出聲、不敢動，只剩下紙菸燃燒的聲音，伴隨著蟲鳴唏噓。

待菸燒完，我欲倒退後往回走，踩到枯樹葉的聲音讓大哥驚覺背後有人。他轉頭看到我，此時四目相對、尷尬無比。幸虧大哥先打破沉默說道：「張先生，可以給我一根菸嗎？」大哥用衣袖拭乾眼淚走了過來。

我：「喔！沒問題，不好意思，大哥，您有抽菸哦？」

大哥：「戒了好幾年了。」

我遞了根菸給他，幫他點著，又沉默了，剩下我與大哥吸菸的聲音。我打破沉默說：「大哥，我也是男人，我知道。一切盡在不言中。」

此時他才娓娓道出他在這個家族有多大的壓力。他在家中年齡最小，又是唯一的獨子，所有外人都覺得他一定受盡寵愛甚至溺愛。其實不然，他承受了所有人的期望，從就學、就業、找工作、交女友、結婚、生子，他都由不得自己。媽媽認為是在保護他、關心他，他卻認為是倫理道德綑綁住了他。從小到大，父母親幫他決定所有的事，但又要求他要像個男孩子獨立、自主、堅強，他對媽媽是既愛且恨啊！就這樣，兩個男人在喪宅三合院外草叢旁Men's Talk抽完剛開的一包菸，真是心有戚戚焉。

我：「大哥，您放心，這是我們男人的祕密。」

大哥回說：「好！小張，謝謝你！」

之後所有治喪的儀式、流程、費用，當家族大姊、二姊⋯⋯到七姊有任何意見，他都獨排眾議站在我的立場說話，真不枉是一起抽菸的好哥兒們，就像天王劉德華唱的那首歌——《男人哭吧不是罪》。男人也是人，也有脆弱、疲憊的時候；也有需要療傷的時候啊！「男人哭吧哭吧哭吧不是罪，再強的人也有權利去疲憊⋯⋯」。[2]

---

[2] 歌名：《男人哭吧不是罪》，演唱：劉德華，作詞：劉德華，作曲：劉天健。博德曼股份有限公司（BMG Music Taiwan Inc.）出版發行。

承辦喪禮的理由

　　記得有次駐守的醫院護理站通知接體，是一位高齡九十歲的老先生心肺衰竭、自然死亡，我與值班同仁前往護理站報到。取得相關資料、宗教信仰後，由護理師帶領我們至病房，相互介紹在場家屬以及我們是醫院駐點往生室的服務人員。我自我介紹，「敝姓張，我是禮儀師。」引導家屬依照院內感控流程，接運老先生至往生室，並辦理離院手續。

　　長子有認識的葬儀社、女兒也有認識的禮儀公司，兩人分別聯絡不同禮儀公司服務人員及接運大體車輛都已到往生室門口等待。我心想：「兒子、女兒還有討論與溝通後的選擇要處理呢！還有得喬了。」於是，我協助引導長子填寫離院資料即將完成結束時，原本亡者配偶老夫人坐在旁邊不發一語，突然老媽媽說話了：「讓他們兩家葬儀社的人都離開。你們老爸的後事我做主，我要讓這位張禮儀師服務你們老爸的喪禮。」當下包括我以及所有人都驚呆了！因為我從頭到尾都沒有提過治喪禮俗、習俗流程以及費用，怎麼老媽媽突然就做了這個決定呢？接著她要求我解釋說明後續治喪儀式流程及費用。我看著長子、女兒試圖徵詢他們的意見，他們倆對望一會兒後說：「張先生，就依照我母親的決定與意見吧！」

　　接著他們分別電話聯絡所認識的葬儀社先離開，我就依照家屬臺灣傳統民間信仰的喪葬流程，按部就班解釋及預估費用。家屬聽完我的建議與說明後，表示沒有問題。我就請禮儀專員聯絡師父前來現場為老先生豎立靈位牌供奉、設立靈堂，作為後續早晚拜飯、做七誦經

儀式的進行準備。

　　我一直很納悶，當時怎麼老太太突然就決定要讓我服務老先生的喪葬事宜呢？到了第三天，孝男、孝媳、孝女爲其先父拜完早飯，去燒九金、銀紙時，只有老太太獨自在場，我終於鼓起勇氣詢問了老太太。她說：「從第一次在病房彼此見到面，接運老先生大體至往生室全程的你，謙恭有禮、不卑不亢。」而最重要的是，她注意到我耳朵的耳垂寬大厚實，老一輩的觀念認爲這樣的人有福報。她接著說：「給有福報的人承辦老先生的後事，應該會很有福氣。」

　　我心裡著實哭笑不得，原來竟是因爲我的耳垂大、有福氣，也可以是因爲這種原因服務老先生的身後事，不曉得鼻子大是否也行？當然我也覺得，也應該是人與人之間的磁場合，更是一種緣分吧！

愧疚一星期之後

有次發引移靈前往仁武火化場，靈車在國道十號高速公路上，輪胎沒氣了。當時的我傻了！慘了！公司同仁開著公務車在前方引導還在繼續開；承辦禮儀師的我，開車押在行喪隊伍最後。我打電話給前導車同仁：「靈車破輪啊！係毋知膩，擱勒繼續開。」最前面引導車的專員被我罵到臭頭。

我對帶路師父說：「麻煩師父您帶領家屬到車後方持誦佛號迴向。」

我蹲在路肩查看輪胎，發現左後輪是被不銹鋼製筷子扎破。沒錯、沒看錯！是不銹鋼製筷子。God！我犯天煞孤星嗎？應該不會出事啊！日子三合、時辰六合——是我合的日子。

靈車司機看我的臉色很難看，當下也傻了。「昌哥，輪仔上禮拜才剛換新的。」

我：「看得出來。」

靈車司機：「哇嘛毋知啊！」

我：「沒事，我來處理，趕快讓公司再派一輛靈車來。」孝男、孝媳也來查看情況。

我：「大哥，您看輪胎確實還很新，上週更換的。」

女兒也來了：「嗯哼！沒事啦！張先生，您之前有說過：交通、車況及氣候問題是最難預料、控制的，我們寧可到現場等時間，也不要趕時間啊！」

「嗯～啊～哦！我說過嗎？」

家屬：「我們全家都記得您的至理名言。沒想到還真出事了，準！」

我真的無言了。另一輛靈車到達現場後，恭請靈柩換了靈車再出發至仁武火化場，完成後續的火化、返主、撿骨、晉塔流程。這就是我最常警惕自己的事情：治喪期十天左右，我們永遠不知道會有什麼狀況發生，所以在家屬心中，我們的平常分數即使沒有一百也得要九十幾，因為即使出了狀況扣了分還能及格。

喪禮圓滿後我不好意思聯絡家屬。一星期後，家屬主動聯絡我要喪結時，還安慰我說：「這輩子騎自行車、機車；開汽車，誰沒輪胎被扎破過呢？張先生，您真的是瑕不掩瑜。」還給我紅包壓壓驚。

我：「公司規定不准收紅包的。感謝大哥、大姊。PS：請記得下次用匯款方式匯到我的戶頭，這樣就不叫收紅包了。哈哈！」

以後靈車輪胎我都把它扎破，這樣就會有壓驚紅包——這當然是開玩笑的，因為誰願意啊！就算我是AB型水瓶座的神經病，也沒那麼嚴重。最後在歡笑聲中完成結帳作業。人生不如意事十之八九，發生問題不能逃避，只能面對問題、了解問題、解決問題；即使對方仍然不諒解，我也坦然以對。

喝到屍水會怎樣？

澄清湖夕陽餘暉照映得詩意盎然。我們三個收到接體通知的同仁站在擺放鞋子且壓著遺書的岸邊。目光一瞥刑事警察手中的遺書，唉！久病厭世。當下的我們手足無措，因為大體漂浮在至少離岸邊約三十公尺的湖中。

專員：「處長，這是要怎麼撈上岸啊？」

這個我問一下刑事仔。「那個刑警大哥，請問水上救難大隊的有聯絡了嗎？」

刑警：「有啊！他們說要先去愛河打撈，要晚一點才能來。」

我往旁邊走，打電話聯絡認識的楠梓救難隊朋友，他說會趕過來看一下要怎麼處理。等了近一個小時。「慘！夜色快要降臨了，問題是我們都穿著襯衫、西褲、皮鞋，賣按怎辦啊？」一位專員問道。

我接到救難隊朋友來電問我們的正確位置，一回頭專員全身脫得只剩四角褲就往湖裡跳……哇哩勒！「阿貴仔～哩係勒銃蝦毀，快回來啦！」他似乎沒聽到，不一會兒只見他游到大體旁拉著袂的上衣後領往回游。此時救難隊朋友剛好到，看到這情況下巴都快掉下來了。他到車上拿了包覆泡綿的麻繩回來，待他穿了潛水衣、戴上蛙鏡，也跳到水裡，用泡棉麻繩繞過雙手腋下，要我們岸上的往上拉，費了九牛二虎之力終於拉上岸邊。鑑識組的在大體身上先採樣、拍照後，請示檢察官先送殯儀館冰存。我們先裝兩層屍袋後上接體車，明日刑事相驗。下水的阿貴仔此時坐在岸邊跟我要菸抽，我也不忍責備他如此衝動就跳下湖。

另一位專員阿志仔說：「處長，貴哥是游泳校隊的啦！」於是我們三個就坐在岸邊抽菸。但當下我看阿貴的表情不太對。

我：「貴仔，是按怎啊！」

阿貴：「喝到屍水會不會中毒死掉啊？」

當下幾隻烏鴉從頭頂飛過。我拿一千元叫阿志仔去買最大瓶的全脂牛奶，買兩瓶。我心想：「難怪在岸邊看，大體周邊浮著一層什麼？原來是人體的油脂、組織液。」

我：「貴仔，沒事啦！」

隔一會兒，阿志牛奶買回來，我跟阿貴說：「先給我灌一瓶牛奶後催吐。」阿貴整瓶牛奶還沒喝完，甚至還沒開始催吐，就先吐的稀哩嘩啦了。我：「衣褲、鞋襪帶著不用穿了。上車，行經便利商店先買紙內褲、內衣，去汽車旅館……。」

兩名專員同時：「蛤～」

我：「又蛤啥？阿志開車啦！」

到達汽車旅館，待阿貴洗完澡、著裝完畢，我又叫他喝了些牛奶。我：「走，去長庚急診。」急診醫師聽完我的描述後，表情很奇怪地說：「沒事，吃點消炎藥就好。」離開前，醫師把我叫回去，交代牛奶記得讓他喝完，拉幾天就好了。我OS：「拉幾天就好……哇哩勒！」

好險十幾年後，時至今日，大家都還好好的。這件事讓我提心吊膽了好長一段時間。這次的經驗，我想我們三個應該會畢生難忘吧！

人性本善、本惡？

　　這是早年的故事，我卻一直記得當時的情景，醫院通知接體，是一位白髮斑斑的老先生。天啊！腳指甲是多久沒剪了，比大陸清宮劇嬪妃的指套還長，都成彎月型了，請問護理師有家屬嗎？

　　護理師：「有一位配偶，不過好像從來沒看過。」

　　我：「那有電話嗎？」

　　護理師：「有！」當下我先記錄在手機裡：「你們先接去往生室，再聯絡家屬吧！」

　　接運流程一如有家屬在場時進行著：「伯伯病痛都好了，翻個身要移床了，出病房了、轉個彎要進電梯囉！」接到助念室安置好，打電話給伯伯家屬，喔！聽聲音是某國的配偶。

　　配偶大姊：「在打麻將沒空啦！明天再去處理啦！」

　　我問道：「那大姊，請問有其他家人嗎？」

　　配偶大姊：「沒啦！他單身就我而已，就跟你講沒空，明天再說。」「喀喳」電話掛了。

　　隔天中午來接伯伯的榮服處輔導員：「滿六年有身分證了，配偶還不來處理。」最後還是打電話要求榮服處處理伯伯的後事，聽輔導員說：「某國大姊已經是第三位老榮民伯伯的配偶了，前面兩位已過世，這次是第三位……」

　　人性就這麼廉價嗎？撈沒有關係，至少也該盡點責任照顧好老伯伯，如此才能心安理得吧？伯伯歷經東征、北伐、剿匪、抗戰，以至大陸淪陷、解放，一輩子為了國家犧牲自己的生活，晚年不就求一個

有人說話、有人陪而已，就這麼不可得？感嘆這是時代下的悲劇，只希望未來國人可以揚眉吐氣，不要淪落當臺勞，就交給下一個世代年輕人發揚光大吧！

荀子曰：「人之性，惡；其善者，偽也。」所以才有「禮法」的產生，經由後天的教養來約束自己的行為。人性是自私的，但必須以不影響他人的權益為前提。做一個好人，跟做好一個人是完全不一樣的。當然要做一個好人，深諳所有做壞事的套路，卻能夠努力控制、繞道而行，才能獲得別人的尊重。說過的話、做過的事，即使是無心的也有可能言者無心、聽者有意啊！一句話不注意會誅心留痕；一個行為不小心會傷人於無形而不自知。當需謹言慎行啊！

不後悔　卻遺憾

這是當年高雄市左營區眷村的故事。

有次晚上值班，接到以前承辦喪禮的家屬電話：「張先生，我是李○○的長子。您還記得嗎？」

我：「李大哥，我當然還記得啊！怎麼？您部隊退伍了嗎？要慶祝榮退吃飯？那約個時間唄！」

李大哥：「還有三個月才退伍。是這樣的，我隔壁鄰居高媽媽過世了，您可以幫忙協助一下後續事宜嗎？」

我：「當然可以啊！有家屬的聯絡電話嗎？我趕緊跟他聯絡、協助安排。」

李大哥：「我給你她兒子的電話，我有跟他說過你會馬上與他聯絡。」

記下電話號碼後，立即撥電話給高先生：「高大哥平安，我是禮儀公司的處長禮儀師，敝姓張，張榮昌。李大哥請我與您聯絡，有什麼可以協助您的？」

高大哥：「我媽媽過世了。」

我：「高大哥，請問老人家現在是在家裡？還是醫院？」

高大哥：「在○○醫院209號病房。」

我：「高大哥，我想請問您家裡是何種信仰？」

高大哥：「我們家沒什麼特別信仰。」

我：「高大哥，您偏向基督教、天主教？還是家裡有拿香祭拜嗎？」

高大哥：「拿香拜拜倒是有，也會去佛寺、廟裡拜拜。」

我：「好的，高大哥。家裡方便安置、搭設靈堂嗎？」

高大哥：「我們打算到殯儀館治喪。」

我：「高大哥，那我知道了，我會盡快趕到現場。」

之後聯絡接體車輛，我就先行趕往醫院。到達病房時我先遞名片給高大哥，並告知後續的流程，以及通知護理站需要開立十五張死亡證明書，以利後續進館、火化、除戶、申辦塔位，以及人壽等各項保險的理賠請領。接運至殯儀館，經溝通初步治喪協調後，約定上午設靈堂，請師父暨立靈位牌。後續幾天協調所有治喪事宜、民間信仰習俗、火化後塔位安奉位置……等事宜。

這段期間，高大哥也跟我說了很多家裡的狀況。高大哥的父親是外省人，當年隨著部隊來臺就住在左營眷村。他是家中唯一的獨子，在他國小的時候父親就因病過世，靠著先父的終身俸以及媽媽外出工作得以糊口。他在大學畢業後就到私人公司上班，認識了現在的配偶高大嫂。但結婚沒多久，高媽媽也因為辛勤工作導致身體不適而中風，臥病在床二十多年，因此高大哥與大嫂討論後，因為不願意將媽媽送至安養照護中心，就由高大哥辭職在家照顧媽媽，由高大嫂工作及高爸爸的微薄終身俸養家糊口。他們因為經濟不算富裕，也不敢生小孩。現在媽媽過世，高大哥也快六十歲了。

我問公司協助高媽媽洗淨、穿衣、化妝的女性同仁，她們說：「雖然高媽媽的身體很瘦小，但卻很乾淨，完全沒有褥瘡。」可見高大哥照顧高媽媽無微不至。對於長期在床臥病的人來說，能做到這樣真的非常不容易。看著高大哥眼眶含著淚，我鼓起了勇氣問高大哥：「您未來有什麼打算？」

高大哥：「等母親的後事圓滿完成後，我就去找個類似大樓管理員的工作，與高大嫂就這麼過日子吧！」

　　我：「高大哥，您人生最精華的青壯年都在照顧媽媽，甚至因為照顧媽媽怕有了小孩會拖垮家裡的經濟而不敢生育。高大哥，您後悔嗎？」

　　高大哥回我說：「照顧媽媽本來就是為人子女應盡的孝道，本來就是天經地義的事情。我不後悔卻遺憾……」當時的我愣住了，為了照顧中風臥病的媽媽，無怨無悔二十多年，「不後悔、卻遺憾」這六個字道盡了多少無奈。我想是不後悔這二十年盡孝道，卻遺憾人生最精華的部分就這麼過去了。此刻我又動容了！這個世界有很多事，我們無能為力但又是我們責無旁貸的義務。只能祝福高大哥、高大嫂，往後餘生可以快樂些過日子吧！

皈依法號

記得有一次承辦的案件在做頭七，師父在弔請亡者前來靈堂方便道場聽經聞法，以及最後誦經功德迴向給亡者的時候，把亡者的名字唸錯了。當時我並不清楚這件事情。誦經儀式結束之後，家屬跟我講師父把我哥哥（亡者）的名字唸錯了。「蛤！」我心想，「唸錯亡者名字！慘了！該怎麼辦呢？」

後來我走到靈堂外打電話問師父：「師父，剛剛頭七的家屬說您把亡者的名字唸錯了。怎麼辦啊？」

師父有條不紊的跟我說：「因為師父覺得與往生者、與佛有緣，所以賜給祂一個皈依法號，明天做滿七藥懺誦經儀式前，師父會寫好皈依證，讓亡者正式皈依佛法僧三寶。」當下我滿是疑問的問師父：「師父，您這是說真的嗎？」

師父停頓了三秒告訴我：「出家人不打誑語。」

我：「是的，師父，那明天就拜託您了。」於是我就這麼按照師父告知我的狀況回到靈堂如實跟家屬回覆，轉述師父的話後，家屬從原本壓抑的心情轉為破涕為笑。

家屬：「張處長，是真的嗎？師父覺得我哥哥與佛有緣嗎？」

我：「當然啊！明天師父會帶皈依證為二哥（亡者）正式辦理皈依。」

隔天滿七的時候，師父帶著皈依證來為往生者舉行皈依儀式，還用了前一日頭七時唸錯的名字為法號——釋○○居士。之後家屬問我，「需要包紅包給師父嗎？」我回說：「不用包紅包，但是要給師

父供養金。因爲正式皈依，拜入師父門下還是需要供養金的。大姊，您就代替二哥供養師父吧！」

這件事到現在我都不知道真實與否，但我也不好意思再詢問師父，畢竟家屬罣礙的心獲得了釋放，真假已經不再重要。我心中只有佩服師父的智慧。

土葬棺火化

　　在前東家後期，我隸屬的單位禮儀師承辦一位老先生大德的喪禮。家屬經濟條件不錯，竟然要求購買土葬用的棺木讓老先生火化用，但因為承辦的禮儀師經驗不足，他以為專門用來火化加大加寬棺木的第18號火化爐應該沒問題，但卻忽略了事先應該先丈量大壽寬度，確認是否能進18號加大的火化爐，到了出殯奠禮圓滿禮成、發引移靈至火化場後，才發現土葬棺木竟然寬度過寬，進不了加大的火化爐，當下跟案承辦的專員立即回報我此事。我心想：「慘了！該怎麼處理呢？」在趕去火化場的路上，我先跟棺木店老闆告知這件事情，老闆當下也傻眼了。

　　棺木店老闆：「副總，拍謝啦！我以為這位亡者是要辦理土葬儀式的。」所以他也沒有想那麼多，如果他知道是要火化用，他應該要事先提醒禮儀師先去丈量火化爐口是否能讓土葬棺火化。

　　我問棺木店老闆：「頭仔，應該賣按怎處理？」

　　頭仔回說：「我帶著削木材的工具也趕去火化場會合。」

　　到了現場，我先遞名片跟孝男溝通：「大哥，您希望老人家有一個氣派的人生，最後一間大壽無可厚非，這是您為老人家盡的最後一點心意。因為以前的案例是可以進爐火化的，況且我們也預定了加大的第18號火化爐，但遺憾的是大厝就差一點無法進爐火化。」於是我與棺木店老闆討論後，告知家屬後續處置方式，也上香先跟老先生報備後，他帶著削棺木的工具將棺木底部較寬的部分削除掉，花了近半個鐘頭才順利讓棺木火化。雖然家屬心有不滿，我們也只能先跟家屬

承認錯誤並致歉，並再次肯定家屬對老人家的用心。所幸禮儀師平常的服務讓家屬非常滿意。

經過這件事情，雖然在滿意度調查表只寫了滿意，而不是非常滿意，但至少這件事情也順利地落幕了。這個錯誤的案例，我在會議中跟所屬單位宣導：家屬的需求與要求，我們承辦人員當然要盡可能的滿足家屬，但如果技術上無法克服，也必須據實以告讓家屬知悉，並協助家屬找到替代方案，讓整個喪禮可以順利圓滿禮成，不要再讓錯誤發生。

多放一張仟元鈔票的喪結

曾經服務一位八十二歲的歐陽老媽媽，從發病危通知的預談、到後續接體安置、治喪協調、擇日、訂廳訂爐、骨罐選擇、塔位擇定、做七誦經、功德法事、燒紙紥庫錢、告別式家公奠禮、牌位及骨灰罐晉塔安奉，到喪禮儀式圓滿結束，一切有條不紊地協助家屬完成歐陽媽媽的後事。

因為當初治喪協調時，我建議家屬不要懇辭奠儀，所以出殯當日圓滿結束後，家屬跟我約定隔天早上到家中結尾款。當天晚上我將全部喪葬總費用扣除訂金的餘額，告訴家屬並確認無誤，就待隔日上午至家中收取奠儀現金尾款及填寫客戶滿意度調查表。

隔天上午我依約前往家屬家中，家屬早已把尾款全部算好成一疊厚厚的仟元大鈔。當我結算數了第一次的時候發現多了一張，我心想：「是不是算錯了？」於是我又數了第二次，還是多了一張；接著我又算了第三次，確定多了一張。

於是我開口對歐陽伯伯、歐陽先生及歐陽大姐說：「不好意思，我算了三次，確定金額真的多了一張耶！」

當下三位家屬異口同聲笑了笑說：「確實多了一張，沒錯啊！」

我：「蛤？」當下納悶的抽出一張還給家屬，家屬看著我疑惑的表情。

歐陽大姐說：「張處長，不好意思，用這種方法測試您。因為我們全家其實對殯葬業印象都非常不好，但自從遇到您服務先母的後事，我們家人對殯葬禮儀服務從業人員改觀了。但我們又覺得您是否是偽裝出來的，所以我弟弟就想出這個辦法來測試您。真的很不好意

思。對不起！其實家父已經預先設想好兩個結果：一是如果您明明算出多了一張但當作不知道，那也無所謂；二是如果您很誠實的說明尾款多了一張仟元鈔票，家父說了要給您一個大紅包表示感謝。」當時聽完原委，我心裡震撼了一下○○××。於是我跟家屬說：「不好意思，公司嚴格要求我們禮儀服務人員禁止收受紅包。」

歐陽先生此時開口說話了：「張處長，還是先向您致歉，我們看輕您了。先母治喪過程中我們已經接到貴公司先後兩次電話詢問您的服務是否專業良好？是否達到家屬的要求？我們都回答：『服務得非常好，也很滿意。』我知道後續還會再接到客服的電話，放心！我會說張先生沒有收任何紅包的。」

此時歐陽伯伯用著口音很重的山東腔發話了：「校長，伯伯俺給的這個闊寶，膩一頂得手下哈。」

蛤？我這個外省第二代，思索了一下腦袋裡半個山東人所有聽得懂的詞彙……哦！原來是：「小張，伯伯我給的這個紅包，你一定得收下啊！」歐陽伯伯硬是把紅包往我手裡塞，我一接到紅包，哇塞！紅包很厚↘，這至少三、四萬有囉！剎那間我腦袋光速的運轉了一個周天，最後我撕下紅包袋的一角說：「歐陽伯伯，我撕一個紅，代表您的心意我收下了。公司已經有提撥服務獎金給我，紅包還是必須得退還給您。我也感謝您與家人對我服務上的認同與鼓勵，這已經是對我最大的肯定了。」最後拗不過我也是半個山東人的臭脾氣，家屬不再堅持要我收下紅包。我：「歐陽大姊、二哥，服務滿意度調查表可以請您哪位代表幫我填寫一下嗎？」

歐陽大姊：「沒問題。」姊弟倆同時簽了名並勾選「非常滿意」。

原來做人誠實也可以得到一個我估計約三萬六千元的紅包。唉……雖然最後我還是決定不能收下這個紅包，這件事讓我搥心肝三個月，我的最新iPhone啊啊啊！

沒有承辦喪禮的回頭件

　　早年我服務的前東家，我們第一線禮儀服務人員必須駐守在醫院往生室待命接體。有次凌晨接獲護理站通知有位病患往生，我與專員開著接體車、推擔架到所屬樓層的病房接運一位老太太的大體。我們先去護理站報到，確認醫院是否要開立死亡證明書？是否有傳染性疾病？待確認無誤後，我與專員推著擔架到病房，先向家屬遞上名片、自我介紹、表明來意，並詢問家屬與老人家為佛教信仰，對亡者亦行禮致意，表示，「我們是醫院往生室的服務人員，敝姓張。您身體的病痛已經痊癒了，我們會先接您到醫院往生室的佛堂，請家屬及往生老菩薩持誦佛號往生西方淨土。」過程中我會不時的提醒家屬每個動作前都必須先跟老人家預告知悉，例如翻身、移床、推床移動、過門、轉彎、進電梯出電梯、出醫院大門、推擔架上車、車輛行進間轉彎⋯⋯等。

　　到達往生室門口請老人家下車，也請家屬提醒老人家下一個前置動作。到達佛堂，我請專員將念佛機打開，並點香讓家屬奠拜，「一上香，願修一切善；再上香，願斷一切惡；三上香，願度一切眾生。」之後請其他家屬跟著佛號唸佛，也請老菩薩跟著我們家屬持誦「南無阿彌陀佛」六字真言。公司有準備一件陀羅尼經被予老人家結緣，上面的陀羅尼經文可以保護老人家的神識魂魄，避免冤親債主侵擾，請在場家屬一起為老人家蓋上陀羅尼經被。接著我請兩位兒子到辦公室填寫接運遺體登記簿，並說明後續治喪流程。

　　此時長子王大哥開口說：「張先生，不好意思，因為我媽媽的後

事由我大舅做主。他本身有認識的葬儀社，在醫院發病危通知時，事先就要求我們一定要讓他所熟識的葬儀社承辦。因為舅舅是我媽娘家的長輩，我們知道天頂天公、地下母舅公的道理，所以我們只能聯絡大舅，請他認識的葬儀社過來接運母親至殯儀館治喪。那家葬儀社應該已經在過來的路上了。」

我：「王大哥、二哥，沒關係。那我們填寫完資料之後我們就可以接運老人家到我們後續治喪的殯儀館。我們現階段沒有任何費用，請家屬不用擔心。」

大哥續道：「張處長，感謝您剛剛為我母親所做的服務。」

我：「這是應該的，也是我的職責所在。依照敝公司與醫院簽訂的合約以及佛家的信仰，您可以在我們的佛堂為老人家助念八小時後再接運離開。」在填寫完資料之後，二哥隨即進入助念佛堂念佛。大哥問我什麼地方可以抽菸，我帶著大哥到醫院範圍外的地方，遞上一根菸給他並幫他點著；我隨即也點了根菸。此時無聲勝有聲，我也沒有說任何話。

王大哥接到禮儀公司派來的接體車司機電話後，他告訴我：「我們要接媽媽到殯儀館治喪了。」

我說：「是的，王大哥，沒問題。我們離院手續已辦妥，隨時都可以離開。但我提醒大哥，以佛家的觀點來說，眼、耳、鼻、舌、身、意、莫納耶、阿賴耶識，而耳識（聽覺識）是最後一道脫離身體的，所以依佛家的理論，老人家現在還可以聽得到聲音，所以接運過程中要持續念佛號；等等要請老人家上、下車；行經高架道路都需要先行一步提醒老人家，讓她有心理準備。因為老人家看不到，但或許可以聽得到，我們都必須先行預告。」

引導老菩薩上接運車後，我對家屬說：「願老人家喪禮圓滿，並祝家屬一切平安。」車輛緩緩離開時，我與專員在車後方行禮致意。待車輛遠離，專員對我說：「處長，您也太佛心了吧？」

　　我：「蛤？什麼意思？」

　　專員：「人家都不讓我們承辦了，又白忙活了一夜，您依舊還是一貫的態度，沒有變臉啊！」

　　我：「臭小子，不看佛面也要看僧面；不看僧面也得要看老菩薩老人家的面子唄！再怎麼說也是死者為大啊！人家家屬親人過世，情緒已經很差了，人情留一線，日後好相見。做人可以現實，但不能太過現實啊！」

　　專員：「哦！處長，我知道了，以後我會記得的。」

　　我：「嗯！孺子可教也。」

　　這件事過後，漸漸地我也淡忘了。時隔約三年後，某位先生突然打電話給我：「請問是張先生嗎？」

　　我：「是的，我是張榮昌。請問您是？」

　　那先生電話中回說：「張處長，您好，我是大概三年前母親過世，但由我大舅做主，請他認識的禮儀公司承辦的那位王先生，您還記得嗎？」

　　我回想了一下後：「是的，我想起來了。請問王大哥，您有什麼事情嗎？」

　　王大哥：「張處長，是這樣子的，我父親剛剛在○○醫院過世了，您還有在從事禮儀工作嗎？」

　　我：「有的，我馬上聯絡接運車輛。我會先趕去○○醫院，請問是幾樓幾號病房？」

王大哥：「我們在三樓加護病房外等，護理師正為我父親換自己輕便的衣服。」

我：「哦！是臨終護理。您先請醫院開立十五張死亡證明書，我隨後就到。」

王大哥：「好，那麻煩您了。」

待接體標準作業流程完成到一個段落後，初步治喪協調的時候，好幾位家屬都跟我說：「因為父親沒有兄弟姊妹，沒有長輩干預，我父親的後事由我們子女來做決定，所以我們全家經過討論，都希望由張處長您來服務父親的後事。當時的您在沒有收任何費用的情形下，對先慈的服務態度與專業的提醒，我們家人都看在眼裡、銘記在心，您的名片我一直都留著。」

三年多前的小助理，我也已上簽讓他升任禮儀技術士，如今可以承辦案件了。當他得知這件事情，立馬跑來跟我說：「處長，您太神了。」

我：「沒有太神啦！普通神而已。當時將心比心的一個善念，竟成了沒有承辦過喪禮的回頭件。」

億萬富翁

假設當時我有這個舉動，我可能就成為億萬富翁，就不會在殯葬業了。

這個真實故事是一位往生的八十幾歲老阿嬤。因為老阿嬤很愛漂亮，所以事先交代子女她的遺照要用六十多歲時拍的照片；老阿嬤往生當下，家屬也要求我們要為老阿嬤的妝容化年輕一點。身為承辦人的我，化妝技術其實沒那麼好；也幸好單位專員妹妹是美容美髮科畢業的，也考取丙級、乙級技術士，化妝技術非常棒，於是請妹妹為老阿嬤按照遺照為她化妝。化完妝、穿好壽衣後，在往生的當晚凌晨擇子時就先行入殮暨靈，包括家屬以及我們所有人都覺得老阿嬤年輕了二十多歲，家屬也稱讚專員妹妹化得非常漂亮。

隔天早上專員妹妹告訴我：「報告處長，昨天晚上我睡覺的時候，老阿嬤託夢跟我講了六個數字耶！早上起來我立馬就把它寫在單位的勤務記事本上。」當時她很高興的拿著記事本給我看那六個數字。

專員妹妹似笑非笑地問我：「昌哥，這件事要不要告訴家屬啊！」

我：「當然要啊！等等孝男大哥來拜飯再告訴他。」

專員妹妹：「昌哥，我們要不要集資去簽大樂透啊？」

我看了她一眼說道：「你們有興趣就去簽啊！哪有那麼好的事情。這樣子就會簽中喔！而且才六個數字，大樂透要一個特別號碼，還差一個。」

專員妹妹說：「昌哥，不然您說一個號碼啦！」

我：「我又沒在簽大樂透的，妳不會去看阿嬤的靈桌號碼喔？」

妹妹興高采烈地去看了靈堂編號，寫在記事本上後，還沒來得及跟單位同仁講這件事，幾通電話後讓單位緊接著一整天的忙碌，大家也忘了要簽大樂透。到了晚上我值班的時候看電視新聞，下面的跑馬燈正在播放開獎的大樂透號碼，當下看了一眼，怎麼覺得這個數字這麼熟悉？當下我從椅子上跳起來，請一起值班的專員把單位的記事本拿來看，不看沒事，看了嚇一跳，竟然六個號碼全都開出來，而且最不可思議的是，特別號還真的是靈桌號碼！！！嚇死人了我……。

　　不到五分鐘，單位所有同仁都炸了鍋。當晚值班專員都在捶心肝，紛紛去靈堂給阿嬤上香，祈求老阿嬤晚上再託夢報數字給我們；最嘔的是專員妹妹，沒值班的她還跑回單位給阿嬤上香。只是後續再也沒有同仁夢到了。重點是，這件事我還特別交代同仁不准告知喪家。

　　隔天早會時同仁還特別問我：「處長，為什麼不能告訴家屬啊？如果家屬再夢到數字，我們還能分一杯羹吧！」

　　我：「第一次阿嬤託夢的數字，雖然因為忙碌造成我們沒有告知家屬；你們現在才講，喪家會覺得我們有私心，那不是找死嗎？」

　　所有人才恍然大悟點頭說道：「對齁！反正也沒有人去簽大樂透，還沒有誤會發生，那就將錯就錯，千萬不能講，不然大家會死得很難看。」

　　事過境遷十多年，這件事我一直印象很深刻。如果當時我偷偷去買了大樂透彩，真的獲得當期兩億多元的彩金，我成為億萬富翁後，不曉得現在的我會在哪裡？又會是什麼狀況？我心想：「可能會死於非命吧！」或許我承受不了天上掉下餡餅的事。人一輩子還是勤勤懇懇的工作賺正財唄！運不配財，不要妄想靠偏財運致富，畢竟它來得快、去得也快。因為「欲戴皇冠、必承其重」。

讓老夫人坐副駕駛座而承辦的案件

　　相信各位讀者看到這個小故事標題會異常納悶，這是早年我還在擔任禮儀師時遇到的個案。

　　亡者是一位九十歲高齡的孫老先生，當我與禮儀專員至病房接體時，現場還有其配偶老太太以及長子，次子與長女還在趕回高雄的路上。我看到老太太一頭白髮如雪，當下心裡思考的是接體擔架上車後，讓老太太坐在擔架旁縱向一排的小座椅上。以她的年齡來說這種事太辛苦了，我於心不忍，於是心裡盤算好後續的處置方式。按照流程下樓，待擔架上接體車後，我請孫媽媽移駕到副駕駛原本是我的座位上，我陪同兒子坐在車輛後半部擔架旁的椅子上，隨時提醒孝男向老先生說話，預告下一個步驟，並由隨我一起接體的專員開車。

　　在去往生室的沿途，對於我的提醒，孝男一句話都不說。我心想：「也許是尚未接受老人家離世的事實吧！沒關係，至少還有我提醒。」老先生安置於佛堂後，我請孝男孫大哥和我到辦公室填寫離院資料，並給了張我的名片。老先生的兒子看了一眼收下後，終於開口說話了：「張禮儀師，我父親的後事就交給你了。」

　　我嚇了一跳：「蛤？從在病房見面的那一刻起，我都沒有說過承辦喪禮的細節以及費用乀：孫大哥，您不是說有認識的禮儀公司嗎？」

　　孫大哥：「剛剛在車上，我發簡訊請他不用過來了。張先生，我們之前認識嗎？」

　　我：「不認識啊！怎麼？孫大哥，您認識我嗎？」

孫大哥：「我就納悶。既然我們互不認識，那你怎麼會知道副駕駛座在我們家是我媽媽的專屬座位？那是誰都不能、也不敢坐的啊！」

　　我：「我並不知道啊！我只是很單純地覺得，以孫媽媽的年紀，讓她坐在後面的小座位，我覺得會不舒服也擔心會有危險。」

　　此時專員帶著已先到佛堂上香的次子與長女前來辦公室，留後續也趕來的媳婦在佛堂陪孫媽媽。因為讓座副駕駛位就這麼獲得服務老先生後事的機會，我想也是絕無僅有了。因為孫家祖籍在對岸，沒有一些臺灣民間喪葬禁忌，後續所有需要坐車的情況，例如移靈、送火化、返主、晉塔等，副駕駛座都是孫媽媽的位置，辛苦慈悲的師父則坐在車裡第二排帶路。

chapter 3

文化禁忌與習俗

💬子時頭七淨香粉顯現生肖足印

早期臺灣民間習俗，在往生的第六天，約莫晚上十點會開始做頭七，師父會弔請往生者魂魄歸神主，使其居有定所。過了子時晚上十一點，要拜請土地公引路，帶領往生者的魂魄回到神主牌位。三魂七魄歸神主，以讓家屬永遠奉祀。

民間習俗會有一個做法：用一個托盤平鋪沙子；另外有一種更新的做法，用淨香粉來替代沙子。因為沙子顆粒較粗，所以有時候往生者的生肖足印會看不清楚；淨香粉顆粒比較細，就容易看得清楚。我也曾經真的看過，就如往生者生肖屬雞，就會有雞的足印，這個就跟逼明牌的意思一樣。

因為每個人的見解解讀不同，生肖屬蛇的，臺語不說爪，都是說溜，就有蛇爬行的痕跡。這些情況我看過的次數不多，因為我個人覺得，這樣子的做法，會讓家屬有罣礙，有時不能用顯現生肖足印來證明往生者有沒有回來，也不能說這是怪力亂神。我通常會建議家屬，用兩個十元的銅板來做擲杯的動作，而且要連三杯才能確定祂有沒有回來，我覺得這種方式才是比較純粹的做法。用擲杯的方式，來做三魂七魄歸神主的憑據或依據就已足夠。

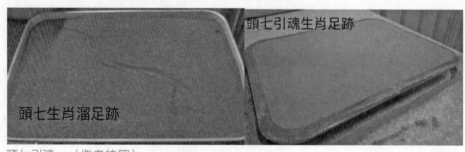

頭七引魂生肖足跡

頭七生肖溜足跡

頭七引魂。（作者拍照）

💬 子時殯儀館漏氣打桶棺的處理

在治喪家屬或亡者要求過世後不冰存的狀況。一般在往生者過世後二十四小時之內，快則十二個鐘頭左右，就必須擇時先行入殮打桶，這意思是說棺木的價格比較昂貴，因為棺木的材質是木材製作的而不是金屬製作的。木材是有毛細孔的，所以棺木內裡的部分會塗上防水膠做防水防漏，上蓋的部分是壓克力板，它材質就像可樂保特瓶汽水一樣，裡面有氣體你怎麼搖都不會破裂。上蓋的部分會再用白膠做封口封棺，因為白膠乾燥比較緩慢，近十年都改用矽利康來做封棺的動作，就是棺身與壓克力透明蓋塗上矽利康做銜接，再鎖上螺絲釘；鎖好螺絲釘再打上矽利康作封口的動作。因為矽利康乾燥的過程較快速，我們也要強調棺木打桶後是不再冰存的，所以入殮後往生者大體還是會繼續變化，也就是說繼續腐敗中，就會產生氣體，氣體就會產生壓力，如果封口棺木的防水防漏沒有做好，確實就會造成漏氣的狀況。

關於這問題，我有請教過棺木店老闆。「如果我們進入靈堂時有聞到一些些微氣味我們要怎麼處理？」我跟他拗了兩天，泡茶泡一天、喝酒喝一天，交陪打交道兩天，他終於告訴我，「晚上會去做處理。」我就問他，「晚上？晚上去殯儀館怎麼處理？」老闆的意思是說：「會去處理防漏的問題啦！」我再問他，「你都幾點去呢？七、八點也是晚上啊！」他說一般都要過子時才會去。

剛好最近也有案件在那邊，所以晚上十一點多我就過去。老闆看到我嚇一跳，問我這麼晚了還跑來？我就說：「我想觀摩一下，看您怎麼處理這防漏的問題。總要學一下。」

「好吧！人就到了能怎麼辦呢？」茶也喝了、酒也喝了，他就讓我觀摩一下唄！

　　他就在透明的壓克力板上鑽一個孔。（事先需準備好一條透明管和厚的濕毛巾）孔鑽好馬上套上管子、蓋上濕毛巾，用膠帶固定好，再將透明管接通到水溝蓋處，將壓力上蓋輕輕壓將氣體排放出去，壓完後氣體全部排完後，那個孔再用矽力康封起來，再蓋上一層布、打一層矽力康做加強；棺木外觀的部分再用透明矽力康再打一次做加強。除非是土葬棺木，它的材質就比較厚。畢竟我們是要火化的，所以火化的打桶防漏是很難做到百分之百的防漏。當年我為了了解、學習，可謂無所不用其極。

棺木打桶封口。（作者拍照）

💬 切勿拿著香胡思亂想

曾經我承辦一個案子在殯儀館的大眾豎靈區，一個空間一排有很多個小靈桌，靈桌約三呎多90-100公分左右，一格一格的。我承辦的案件隔壁也有其他往生者、有靈堂照片牌位。曾經有位亡者的姪子，小男生不安分，拿著香在祭拜叔叔的時候眼睛就飄到隔壁靈桌上的照片，問題是他拿香在祭拜的時候心裡就在想，「這女孩照片這麼漂亮，本人應該更漂亮，可惜這麼年輕就死了。」慘了！他就因為拿著香想這件事情。

小伙子就這樣想著，之後回家後就不得安寧了。為什麼？於是他就去宮廟請教、問事。就說有一個女孩子跟著他，因為他心裡想著那女孩很漂亮，如果還在世會想追她，這女孩年輕未嫁所以就跟著他了。

這件事也歷經一段時間，請教神明、問事、乩童神明代言人與祂溝通非常多次，最後才接受離開。這也有人解釋為怪力亂神，但實際上我真的有遇到過這種狀況，所以藉此我在上課時也奉勸學生、承辦家屬，告知這件事情。就是拿著香在奠拜、祭拜的時候，心裡想的事會傳達、告知給我們看不到的另一個世界的靈知道，所以在奠拜、祭拜的時候要有真誠的心，乞求亡者一路好走也要一路走好，所以拿香千萬不要胡思亂想。

要深究奠拜、祭拜為何要拿香？對神明一般來說，求升官發財、娶妻生子；祈求神明保佑事業順利、愛情美滿、家庭和樂、平安健康，就把我們祈求的事情藉由香的香煙裊裊，傳達給我們祭拜的對象知道。我們對亡者的奠拜意思也是一樣。為什麼要說奠拜？民俗上的解釋是，亡者還尚未出殯、大體還在的情況下謂之「奠」，所以是家奠禮和公奠禮；圓滿之後才能說「祭拜」。

⸱⸱⸱ 上香的角度

上香祭拜、奠拜的幅度，男性上不過眉，上香的角度就是與眉毛一樣高就可以了；往下不過臍，因為肚臍以下稱為下體，是不尊重的。女性則上不過頸，下不過臍；上香的幅度就是往上到下頸的位置，往下到肚臍的位置這段距離，這才是符合禮節的做法。

我打個比方，如果我代表自家禮儀公司來奠拜，我也得舉香過頂，為什麼？因為這樣別人才看得到啊！就像民意代表在奠拜時香都拿到頭頂，往下都到膝蓋，已經超過九十度的奠拜角度了。沒辦法，因為要讓別人看到，如果幅度不大，人家會覺得你小家子氣，這就只能遷就所謂的「人情世故」。我在上課中還是會跟學生強調：禮儀就是禮儀。但就人情世故的角度，我們還是得這麼做。

⸱⸱⸱ 配戴的天珠

常常會有家屬問我們承辦人員一個問題：「張先生，請問一下，你們治喪期間都會告知家屬，今天正沖是哪個生肖、歲數；呼沖、時沖又是哪個生肖、歲數。你們服務人員如果剛好有這些生肖、歲數，會有沖煞的問題嗎？」

我會告訴家屬，今天的擇日看的是過世老人家的好日好時，不是看我們的好日好時，所以我們都會選擇適合老人家的好日好時。即使服務人員是正沖，我的做法是會先跟老人家上個香，跟他說幾天後幾月幾日是老伯伯或老媽媽的好日好時，那天在良辰吉時的時候要入殮、出殯、火化、返主、晉塔、安奉，但那天我是正沖，請老伯伯要保佑我平安順利，我才能好好的服務圓滿您人生的最後一程。之前就

先預告往生大德，出殯當天早上我們提早到達會場，還會再上個香跟老人家講這件事。我自己的身上都會配戴天珠，是之前師父結緣送給我的，到目前我都這樣爲之，而且沒有發生過什麼狀況。

那到底有沒有沖煞問題？坦白說我眞的有遇過，而且次數還不少。沖煞狀況有點像羊癲瘋發作、口吐白沫的樣子。在告別式場我們

放置於告別式場外的奠禮流程沖煞表。（作者拍照）

一般都會把沖煞表展示出來，有沖煞的情況下，告別式都會有神職人員在；師父、道士都在，我們就趕快請他們處理。就用淨符燒化加水製作成淨水，往身上撒淨，重點是腳不要讓他踩到地面，讓他坐在塑膠椅或珍珠椅，與地板絕緣，就是不要跟地氣磁場有接觸；約莫半個鐘頭就會慢慢退掉、恢復正常。清醒後詳問其生肖、歲數，還真的是正沖。於是就請他不要奠拜，洗淨後先行離開。可能他的八字也輕啦！在科學的角度上要怎麼解釋，坦白講我也說不出個所以然來。也不是要危言聳聽，但確實真的會有沖煞存在，我們還是得需要去注意並重視它。

⚇ 就桑，我們家屬會有沖煞嗎？

擇日學有句話：「有服者親丁不忌、諸事大吉大利。」當孝家眷重孝在身，表示是一個人這輩子運勢最差的時候。人生沒有比父喪或母喪還要嚴重的事了。當你運勢到了谷底，任何人、事、物都犯沖不了我們，誰敢犯沖，反而會被倒沖回去，這就是《易經》所說「物極必反」的道理。

外人會犯沖，我就沒遇到過喪家有沖煞問題的。早期臺灣農業社會長輩入殮，都是孝家眷一起協助處理的，哪有什麼沖煞的問題。只是到了現代殯葬喪禮，唯恐家屬傷心過度，不懂入殮時的眉角，怕造成工作流程的失誤，才會乾脆請家屬迴避。主要是擔心家屬親自為之，悲傷情緒又會再起波瀾，而且民俗上最禁忌親人的眼淚滴到亡者身上，會導致往生者捨不得親情的羈絆，因而無法放下萬緣離開人世。

寫到這裡，我又附庸風雅、靈光乍現：

孤燈相伴寒窗寫書，文件散落驚鴻一瞥，陳年往事歷歷在目，老太夫人吉日課表，檢附書中閱之明瞭，緣分使然圓滿人生，無數夜晚逾八萬字，完稿付梓終究成書，嘔心瀝血江郎才盡，逝者已矣生者如斯、祈願亡者一路好走，不負緣分來者可追。

　　楷書、行書寫慣了，差點都快忘了自己還能寫隸書。在早期仙風道骨的殯葬禮儀服務業老前輩，特別交代我寫吉日課表一定要用毛筆寫，時隔二十年前寫的日課表，到了後期自己也懶惰了，日課表都用電腦打字、列印的方式。果然是：「業精於勤，荒於嬉。由儉入奢易，由奢入儉難！」

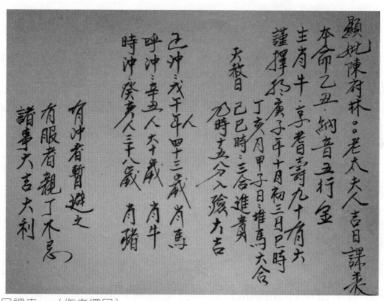

入殮吉日課表。（作者擇日）

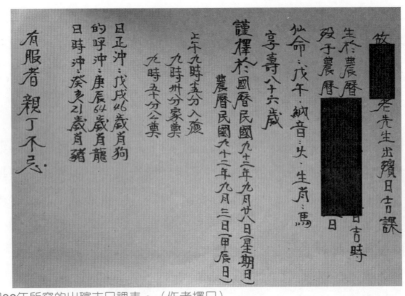

民國92年所寫的出殯吉日課表。（作者擇日）

早期的火化場，都可直接看著親人靈柩進爐火化，家屬要大喊：「某某人火來了，你人要緊走喔⋯⋯」避免燒到亡者魂魄。現今都已用霧狀玻璃及木製裝潢隔間擋住。因為曾經有喪家親眼看到長輩靈柩推進火化爐，過於悲傷造成當場昏厥。幸虧當天是所謂的好日子，出殯送火化的儀式頗多，其他喪家親友中有醫師，立即協助幫忙急救後送醫院才撿回一命，否則人可能當場就走了。之後殯葬管理處恐又發生類似狀況，才下令裝潢阻隔起來。

為了空氣汙染防制，喪家於送火化儀式圓滿後需過火洗淨，早期是燃燒草龍（稻草）過火（一般除穢氣是過木炭火爐），現在改由過LED平安燈。這也經過禮儀公司與喪家幾個月的抗議，最後也習慣、欣然接受了。

火化場以霧狀玻璃及木製裝潢隔間擋住火化爐口。（作者拍照）

靈柩進爐火化。（作者拍照）

LED平安燈洗淨除孝。（作者拍照）

💬 我們現在口中所謂的「鬼」，曾經也是別人心中思念之所愛啊！

「張先生，你看過鬼嗎？」這句話是家屬最常問我的一句話。我都會對家屬據實以告，因為我真的沒有親眼見過所謂的「靈魂」，但是曾經有過類似不少無法解釋的經歷，就是會有感覺好像亡者就在我旁邊，身體一半是正常的體溫、一半是冰的。因為我的左手去摸我的右手是冰冷的，溫度差異非常大，所以我覺得，應該亡者是在我的右手邊。況且全世界所有的宗教理論，都認為人是有靈魂的。我也深信，根據物質不滅定律，人過世之後，靈魂就是他所留下來的能量。雖說：「子不語怪力亂神」，但能做到科普論證，又何嘗不是一件好事呢？

也許在我們有生之年，科技進步到可以發明一種眼鏡，戴著就可以看到所謂的靈魂。如果證實真的有靈魂存在，我相信喪禮的儀式會變得更加名符相實也更多元。因為如果我們已經證明有靈魂的存在，基督教追思禮拜、天主教殯葬彌撒；一般民間信仰所做的豎立靈位牌、讓祂居有定所，不致成為孤魂野鬼；宗教儀式功德、所燒的紙紮、庫錢，過世的親人都可以收得到，亡者也有利益可以收存。我個人覺得，臺灣喪禮所有的儀式都將因此更有實證、說服力，因為神做神做的事、人做人做的事。我們都只是人，所以只能做人做的事。

🗨 服兵役的經歷，埋下從業機緣

演習視同作戰，作戰就可能會有傷亡。民國79年我在臺南陸軍步兵○○○師砲指部○○○○營營部連服兵役，擔任通信下士，每年都會移防駐紮中部某營區。因為要拖○○○榴砲至濁水溪上游實彈射擊，每次實彈射擊我都擔任前觀無線電士，由觀測軍官與觀測士官長負責計算落彈彈著點角度修正，由我使用通信設備負責通知後方砲兵營砲班，修正火藥量及射擊仰角度。

有次無線電傳來：「發射！」的射擊口令。榴砲發射聲響之後，伴隨砲彈飛行的破風聲從我們後方逐漸接近，此時士官長大喊一聲：「砲彈破風聲音不對，快往前觀哨亭大石頭後面跳。」當時我這個菜鳥班長還搞不清楚狀況愣在原地，軍士官兩人拉著我立刻就往大石頭後方跳，一剎那間，只聽到榴砲彈在哨亭前方沒多遠的地方落地爆炸，塵土飛揚、聲音震耳欲聾、砲彈碎片四散……。

「×××，張榮昌，叫你跳你愣在那邊幹什麼？你不要命了，是不是？」士官長很大聲的叫道。我暫時耳聾又驚魂未定，用顫抖的聲

音說：「對不起！我不知道啊！」事後想想，兩位觀測軍官、士官長實在是我的救命恩人，可惜當時並沒有行動電話這些通訊設備，退伍時只留下家中電話，事隔多年只記得名字，卻沒法聯絡到了。但至始至終，我都不會忘記他們當年的救命之恩。

觀測軍官說：「算了啦！人沒受傷就好，下次再遇到同樣的狀況叫你跳就跳，千萬不要懷疑，懷疑就會要了你的命。」

士官長拿起我背著的無線電話筒霹靂啪啦一陣幹譙，「×××，是誰裝的火藥包？差一點就打到前觀哨了。回去再跟你們砲班算帳！」

實彈演習結束後回到營區，士官長把發射那發砲彈的砲班叫來連集合場開罵。原來是某砲兵因為兵變失戀，精神恍惚、聽錯指令，少放了一個火藥包，導致砲彈飛行距離不夠遠。當晚該名砲兵值凌晨衛兵班哨，後來還欲尋短，差點鬧出大事情。

這件事讓我想起在新訓中心時，當晚我站凌晨一到三點的衛兵，突然一聲槍響，劃破雲霄……隔壁連的新兵也是因為兵變失戀，衛兵站哨時寫了遺書後就開槍自戕，安全士官班長命令我去隔壁連協助幫忙，我心想：「班長，你怎麼不自己去勒？要我一個新兵去能幫啥忙啊！算了，軍令如山、軍紀似鐵。」到現場一看，六五步槍子彈進去一個小洞，出來一個大洞。唉！沒救了。該連的同袍驚嚇到都不敢待在現場，最後還是我協助醫務室的醫務兵一起將他放進屍袋，等待當時還存在的軍事檢察官、法醫刑事相驗大體。當時的我只膚淺的想，「他女友如果知道是因為她才自殺的，不曉得會不會良心不安？」卻沒想過，同梯新兵的父母會情何以堪？那時二十歲的我還無法體會吧！

當時的我也不知為何竟然不怕，埋下日後從事殯葬服務業的機緣。人生不如意事，十之八九，才是完整的人生。莫非定律第四條：「越不願發生的事情它就越會發生。」失去比得不到更悲慟，因為曾經擁有所以更加遺憾。人前強顏歡笑，人後轉身流淚。能否放下走出，尚且是未知之數。選擇結束生命，以為超凡解脫，卻徒留至愛傷痛。願其一路好走，早日脫離輪迴。心若在陰陽兩隔又何妨？心若不在近在咫尺又如何？世間人與人之間的關係，到最後也不過是相識一場的體驗而已。有心者、有所謂；無心者、無所謂。

💬 留一口氣回家的迷思

曾有過案例：留一口氣返家等待壽終已超過二十四小時，家屬問我，「怎麼辦？」當下我建議家屬，「老人家時辰未到，再送回醫院，否則再等下去就會餓死、渴死了。」約莫超過半年後的除夕當天，我行動電話響起，一看電話號碼顯示，我想，「這個年也不用過了。」接起電話後家屬告訴我，老人家病況好轉已出院回家休養，而且全家要帶老人家去香港旅遊過年。頭頂又有數隻烏鴉飛過了。當初是誰決定要返家待終的？我也笑笑回答，「祝福大家新年快樂、旅遊愉快！」事隔兩年，老人家才壽終正寢。

即使到了現代，有些喪家還是有回家拚廳、搭設靈堂治喪的做法。這本來無可厚非，但原因竟然是「必須要留一口氣回家」！這一點我個人是無法苟同的。早期的說法認為「留一口氣回家」才能得到農業社會時期三合院正廳（也就是公媽廳的廳頭）、家中祖先家神的庇蔭；而在老人家斷氣前需將壽衣換好，代表亡者才能得到這套壽衣。

就曾經有邏輯非常好的家屬反問我，「如果按照這種觀念說法，親人過世後都得不到，那所有的儀式都不需要做了啊？何必還需要早晚拜飯、做七誦經、燒紙紮庫錢。」臺灣的殯葬儀式流程，無法從頭到尾合理的自圓其說、去解釋，我只能將各個儀式分段落的去解釋。因為早期主要是基於倫理孝道的觀念衍生出來的約定成俗，到了現代有些地方習俗已漸進式的修正中。

💬日子好壞與天氣好壞

臺灣民間習俗信仰於入殮出殯，都會依照亡者的出生年月日，也就是所謂的生辰八字合良辰吉日入殮、出殯。目前擇日的做法至少會過頭七之後再合日子的好壞出殯，也就是從第八天開始看日子，時間在十天左右。因此從往生日開始到出殯日的這十天，氣候的變化不是我們可以掌握的，我們最擔心的是出殯前一日燒庫錢會不會遇到傾盆大雨？出殯日會不會遇到磅礡大雨影響整個儀式的進行？

曾經有喪家長輩來參加家奠禮的時候，就對著我們唸，「怎麼會選這種下著大雨的日子出殯、辦告別式？」我：「大姐，我們只能擇日子的好壞，但是沒有辦法預料十天後天氣的好壞。您換一個角度想：『山管人丁、水管財』，水代表財局。下這麼大的雨，那表示大家都會有財運啊！遇水則發不是很好嗎？」

大姊回說：「喔！少年家，你很會講話內齁！」

我靦腆地回說：「沒啦！姊啊！我說的只是事實唄！」

💬颱風夜的告別式棚架

臺灣現在的氣象局預報精準度非常高，禮儀人員最擔心害怕的

就是告別式場搭設完成的晚上颱風來了。我曾經在高雄大寮區承辦外場，都已經確定下午發布陸上颱風警報，也勸家屬就在屋內小靈堂出殯就好，告別式場棚架就取消吧？當然費用會予以扣除，不然到時候完成的棚架祭臺，到隔天早上出殯是會整個毀壞殆盡。然而有的家屬卻堅決按原訂計畫實行，棚架該釘在地上的鉚釘，該綁的、該固定的其實都做了，只是大自然的破壞力不是人力可以抗衡的，一整晚忐忑的心，一早還是得面對殘酷的現實——棚架不見了！棚架帆布被風吹不見了……。

　　家屬當然會有微詞，現在颱風形成到進入陸地、發布警報，不過就是四至六天的時間而已。主要是擇定出殯火化日期，除非火化場取消火化作業，否則儀式仍需照常舉行，根本來不及因應。猶記得當年高雄七一一水災，火化場周邊積水近一個車身高，靈車無法前行，我們只能冒雨涉水，棺木上肩、步行超過八百公尺送至火化場。其實我們才是「跳棺舞」的始祖，只是當時不合時宜地像牽亡歌仔前後倒退嚕。

　　我們只能看當天日子好壞，真的沒辦法預料當天天氣的好壞啊！我有事先預料十天後天氣好壞的本領的話，氣象局早就高薪聘我去任職了，我還那麼辛苦從事殯葬業要幹嘛勒？

磅礡大雨中的土葬

　　臺灣火葬比例已由民國90年70.84%，到近年來提升至98.02%。早年幾乎每個月都會承辦土葬儀式，現今喪禮要承辦土葬機率是少之又少，甚至一年遇不到一次。承辦土葬的儀式，最怕遇到的是天候不佳，還有就是腳路很不好，連使用吊車都辦不到，要越過為數不少的

墓地。

　　曾經服務在磅礴大雨中的土葬流程，可想而知，我們承辦人、扛工、家屬落湯雞的模樣，還有就是施作墓地工程的風水師，安葬落壙前拚命地撈墓穴中的積水。戶外運動賽事、活動可以因雨延期；安葬儀式能嗎？這些不為外人道的壓力，心理素質如果不夠強大，自己就會先崩潰了。

　　上香跟阿伯仔講：「明天是您的安葬儀式，麻煩您要保佑不要下那麼大的雨，巳時一個時辰不要下雨就好ㄟ。拜託拜託！」最後只能交給天公伯仔了。

建議不要懇辭奠儀

　　臺灣早期農業社會以土葬儀式居多，而且經濟條件並不好，所以遇到家中需要治喪的時候，都需要親戚朋友、左鄰右舍致贈奠儀，用以辦理後續喪葬事宜。而現代人情世故、避免打擾的關係，許多喪家都懇辭鼎惠，意思是奠儀、花圈花籃、罐頭塔……等所有奠弔品均懇辭，但我個人卻會建議不要懇辭。

　　因為現在工商業社會，平常大家各忙各的，不都是親戚朋友遇到婚、喪、喜、慶才設法撥空去參加、見面嗎？打個比方，如果我們懇辭奠儀，改天我們的親戚朋友娶媳婦、嫁女兒、買屋入厝、小孩滿月，也會不好意思邀請我們參加，諸如此類的做法，勢必讓現在的親友關係更加疏離。

　　今天我們收奠儀、改天我們送紅包，不就代表雙方還要繼續來往嗎？況且禮多人不怪，親友之間應該就是要禮尚往來吧！

⌣ 喪宅停電的冰櫃

　　一般人往生，仍普遍存在入殮、停柩在堂以及助念等儀式的觀念，因此遺體冰存有其必要性。另外天主教、基督教的信仰者，也多使用冰櫃保存遺體，所以冰櫃保存遺體就成為喪禮服務中很重要的事情，而停電卻成為冰櫃運作的棘手問題。冰櫃停電後，處理的原則及步驟就是喪服人員應具備的專業知識與突發狀況應變能力。摘錄我所授課程「殯葬設施」學生期中作業之各種處置方式如下：

1. 發現停電，首先拔掉自宅移動式冰櫃的插頭，或關閉其電源開關，避免突然復電後造成瞬間高電壓損壞冰櫃。

2. 無特別必要，切勿開啟冰櫃，如此可防止冷氣外溢，升高冷凍櫃內部溫度。冰櫃保存遺體正常運作下，通常溫度約在攝氏零下10度至15度左右，因此遺體保存第三天後就會結凍。在夏天，遺體退冰時間約需一天左右；冬天約一天半。所以如果不隨意開啟冷凍櫃，短時間是不會有任何問題。

3. 保冷劑（乾冰）等保冷材料，乾冰的溫度非常低，凝固點通常在攝氏−78.5度，這使它成為一種非常有效的冷卻劑，可以在短時間內降低、保存物品的溫度。乾冰不會融化成液態，而是從固態直接轉變為氣態，所以不會造成遺體浸泡在液體中。使用乾冰需要注意：當它大量蒸發時，二氧化碳會聚在低窪處，可能會有缺氧的風險。也可用毛巾包覆乾冰，避免直接接觸到大體。因為溫度較低可能會凍傷遺體。

4. 準備或購置冰塊、冰袋及冰磚等保冷材料。冰塊是目前市面上最廉價，且容易取得的冷卻劑。在標準大氣壓下，冰的融點為攝氏0度，所以當冰塊放在溫度高於攝氏0度的環境中時，它會融化並且

還原成水，容易造成大量液體。因此，使用冰塊保存時，建議使用有完整包裝的冰塊，避免造成大體泡在冰塊水中。超商是目前最容易購買取得的，可以大毛巾包裹（防止冰水流至大體上），放置於遺體兩側，並盡量減少冰櫃開啟次數及開啟的時間。

5. 電力恢復正常後，檢查電壓是否正常？接著正常啟動冷凍櫃，並陸續取出先前放置於冷凍櫃內的保冷材料。

6. 停電時，殯葬禮儀社如有發電設備，就能及時將其運至現場進行發電，維持冰櫃正常運作。立即就能解決停電問題；若無法順利取得發電設備，服務人員即需按照上述處理步驟來進行處理，以維持大體之完好及提供喪禮良好的服務品質。

7. 可以設計平常插電自行充電，類似行動電源的冰櫃，當遇到停電時可供冰櫃續電，也可使用於治喪家屬的臨時供電器具以防因為突發狀況造成恐慌。畢竟在臺灣停電就像是家常便飯。雖然治喪期間不一定會停電，但有備無患，可讓家屬安心，也可增加好感度。

8. 如果真的遇到長時間停電，可以汽車發動引擎、以車載電力用變壓器，將車載24伏特轉換為110伏特電，以短暫供應冰櫃使用。

9. 不論用什麼方法，其主要目的只有兩個：

   ⑴讓家屬安心：遺體冰櫃停電後的採取措施與應對，是非常重要的治喪服務環節，因為家屬可能會非常關注已故親人的遺體變化狀況；而突然的停電，可能會引起喪家的擔憂和焦慮。

   ⑵確保遺體狀態：為保護遺體免受腐敗和分解的影響，直到其能夠得到進一步安置，因此任何方法與措施的目的都應該是延長遺體保存的時間，以便進行妥當的處理。

💬 哭路頭

習俗	早期實務做法	改進方式
哭路頭	1. 早年交通不便，且婦女工作繁重，出嫁後，除孝順公婆、養兒育女外，仍需幫忙農事、灑掃應對進退。 2. 娘家父母臨終時，婦女大都無法隨侍在側。因此聽聞惡耗返家奔喪時，入村莊或家門前，需匍匐（手腳並用伏地而行），同時哭喊亡者之稱謂，以彌補出嫁女未能送終之憾事。 3. 換個情境，如果是兒子於父母臨終時未能隨侍在側，又該如何？是否也該哭路頭？	1. 現今通訊軟體發達，經常與家人保持聯絡，接到病危通知時，就立刻返回娘家等候送終。 2. 現代醫療發達、交通便捷，可請禮儀公司接運至治喪場所，亦可先行冰存。子女至親仍可瞻仰遺容，避免遺憾。 3. 即使旅居海外之子女，於父母斷氣後才返家奔喪，可在父母靈前三跪九叩首稟告實情即可，以免除哭路頭之必要。

作者製表。

💬 借送捧斗

習俗	早期實務做法	改進方式
捧斗	1. 出嫁女兒及外孫，負責傳承夫家女婿家族之香火。 2. 女性娘家父母之神主牌，原則上由長子捧至送葬地點；洗淨除孝後，由長孫捧（象徵傳承）；無子有女者，由本家姓男丁孝侄（出嫁孝女之堂兄弟）代捧	1. 依照民法繼承篇（1138-1225）之規定，子、女皆可依其意願從父姓或母姓，也應共同奉養父母，並依公平原則共同繼承父母之遺產，因此應以子、女平等之觀念視之。 2. 有子有女者，由子、女協商推選一人（或最年長者）捧斗。 3. 無子有女者，由長女捧斗。 4. 子女早亡，無男孫者，由孫女捧斗。 5. 子女早亡，無內孫者，由外孫或外孫女捧斗。

習俗	早期實務做法	改進方式
	斗，俗稱借送。	6. 早期民間治喪抹煞女兒盡孝之權利，況且女兒才是一等親的直系親屬，姪子僅為亡者三等親，甚至親等尚低於內、外孫的二等親，由姪子捧斗並不恰當。當時的時空背景在習俗上並無不妥，喪葬禮俗的演進，則更應朝倫理的角度修正、改變。

作者製表。

💬 已文定尚未婚嫁的女婿、媳婦

　　華人世界講究明媒正娶，夫家長輩往生，已論及婚嫁且已文定、尚未正式迎娶的媳婦，可以列名訃聞，需要穿粉紅色洋裝及粉紅色絲襪或紅包掛身上。如果在宅治喪，要拿大浴盆內放矮凳，讓未過門媳婦站上去，禮儀人員要餵新人吃麵線、雙方交換戒指。要提醒家屬，百日內要迎娶，主要是要滿足亡者兒子尚未娶媳婦的遺憾。

　　未正式迎娶舉行婚禮的女婿，於家奠禮要綁紅布披肩，亦可列名於訃聞，同樣是要迎合亡者女兒尚未出嫁的心願。

　　不論未舉行婚禮的女婿或媳婦，民俗上亡者百日內是要結婚沖喜的。

💬 焚燒完的環香

　　民間習俗為亡者豎立靈位後，無論粗香、細線香，靈堂的香，都不能中斷，其實只是為了家屬守靈要注意安全。現今為了安全起見都會以環香為之。一般市面上的環香，在沒有風吹的狀況下可以維持二十小時以上，所以在靈堂儀節注意事項部分，禮儀公司都會教喪

家，如果在下午拜飯結束後離開前要更換環香，以維持到隔天早上拜飯；而在私人會館治喪，則都由禮儀公司協助更換。

當我剛入行還是專員的時候，曾經有一天晚上我沒有值班，到隔天早上我是最早到單位上班的，第一件事就是到靈堂查看拜飯及環香的狀況。此時看到有一組家屬三個人呆呆地站在先人靈位前發呆，看到我進來後立即質疑我說：「環香燒完了。你們不是說環香不能斷嗎？你們不是說香代表我們家的香火嗎？現在環香燒完了，是不是代表我們家的香火會斷？」當時我這個菜鳥專員無言以對。幸虧前一天值班的資深專員剛好來到豎靈區，於是跟家屬解釋，靈堂內地藏王菩薩已有供奉香火，沒有問題，家屬才釋懷。

無煙豎靈區

說到治喪家屬及親友以細線香奠拜，如果是在殯儀館，每每到拜飯時間，煙霧瀰漫往往燻得我們與家屬眼睛都流目油了。幾年前臺南殯葬管理所實施無煙豎靈區設立靈堂，當時一些家屬有意見，經過一段時日，所有人都接受以心香致意來代替細香，現今無煙豎靈區還供不應求。所以約定成俗的民間信仰不是不能改變，只需要漸進式的修正。就誠如從土葬到接受火喪為大宗葬法，臺灣民間也歷經三、四十年的觀念進化。

殯葬從業的經歷，讓我看到臺灣公媽廳的未來趨勢。民國90年治喪圓滿結束後，會將新亡先人請回家中供奉的約有七成，歷經二十多年僅剩三成。我們現在到寶塔牌位區觀察即可發現，個人神主牌位占少數，歷代祖先的牌位已占大多數。我個人評估，快則十年，慢則二十年，家中供奉祖先牌位的會是極少數；而三十年後，家中有公媽

廳的可能已不復見了。只是我也無法看見未來與我預估的狀況是否一樣，因為我活不了那麼久。

💬 老前輩的叮嚀

剛入行在前東家遇到一位老前輩，當時的他六十歲了，公司所有同事都尊稱他伯仔。從接體、辭生、帶拜、淨身穿衣化妝、接板、鋪棺、乞手尾錢、小殮入棺、金銀紙固定、打桶封棺、大殮蓋棺、封丁……等儀式、吉祥好話，我的所有從業禮儀助理專員基本功都是伯仔教的。他是個聲如洪牛、丹田有力的性情中人，民國91年因為接觸SARS亡者而染疫過世。

第一次跟伯仔為亡者淨身穿衣，他就特別千叮萬囑我，要用濕毛巾暫時蓋住亡者口鼻。因為淨身穿衣時，我們與亡者是非常近距離的接觸，會移動、翻動亡者大體，亡者體內可能帶有病菌的氣體會經由口鼻噴出，造成我們自身的危害。甚至之後被他看到我沒這麼做，還會罵我：「昌仔，理系攏工袂聽膩……。」

事隔一段時日，我開始自己閱讀與殯葬衛生相關的書籍得知，有些細菌會存活在大體很長一段時間，尤其跟肺部有關的疾病，是有可能因為翻動大體而飛沫傳染的，也以此教育新進同仁。後來我在殯儀館洗穿室看到清潔消毒的方式竟然是用酒精直接往亡者身上、臉上噴。挖裡勒！消毒無可厚非，就不能先噴在毛巾上再擦拭消毒嗎？本來想要提醒對方的。試想，「如果你是躺著的這位亡者，你能接受嗎？說不定這位往生大德就站在旁邊看著乀。」

後來到學校擔任教職，我都會千叮嚀萬交代學生們，一定要保護好自己。

💬 張先生，老人家收得到嗎？

從事殯葬業二十多年，幾乎每位家屬都會問相同的問題：「張先生，請問您燒紙紮、庫錢給老人家，收得到嗎？」

我：「沒燒是絕對收不到，有燒就會有機會。就像參加考試就有機會能通過，缺考則百分百死當。」

講完心想：「我這不是在說廢話嗎？」難怪有些投資理財專家說：「做業務要把簡單的事情複雜化，戀愛要把複雜的事情簡單化……」（我說的）。

俗話說：「在生一粒土豆，卡贏死後拜豬頭。」這句話本質沒有錯，但重點是在生前真的有奉養一粒土豆嗎？不過就十幾天的治喪期，經濟能力上能做到的就盡力而為吧！因為以後再也沒機會了，親朋好友往後能見一面是一面吧！人的一生最怕來不及，千萬不要告別式再見。

每個人的付出都想有回報，重點是用心、努力過了嗎？都還沒盡力做就想著回報，有可能嗎？不求回報才是沒有目的、真心誠意的付出，先做了再說吧！

💬 席地而躺的祖靈

屏東縣三地門鄉部落居民大部分信奉基督教或天主教，因病過世的族人回家，家人會在地上鋪草蓆或棉被席地而躺，並不會像平埔族的方式躺在水床上。後來我問部落的弟兄，他們說安息後身體就歸還大地，不需要再躺在床上了。

而且冰存後，會在家門口燒木頭，不使其完全燃燒，因為一定要產生煙，意思是藉由白煙繚繞作為亡者引魂用，也藉此讓安息弟兄姊

妹找得到回家的路。

　　瑪家鄉、滿洲鄉有所謂堆疊葬，同一個墓穴會有相距一段時間安息的族人堆疊安葬。部落弟兄告訴我，葬在祖靈上方或旁邊，祖靈才會照顧得到。

　　其實我們禮儀人員無論信仰何種宗教，都需要尊重其他宗教的教義與儀式，只要勸人向善、行好事的不同信仰，都要予以尊重、包容。

臺灣的基督教與天主教

　　天主教傳到臺灣地區，為了因應及融入臺灣地區慎終追遠的文化特質，在教友榮歸天國後，其子孫可以安息親友之大名及聖名（由天主堂神父為其命名）為其立牌位，手持清香作為祭祀標的，甚至殯葬彌撒結束後，得舉行家公奠禮，因應臺灣非天主教信仰的親友送別。

　　西方宗教信仰的基督教、天主教亦可設立靈堂，擺放已先行火化後安息弟兄、姊妹之骨灰罐及照片，藉由基督教神職人員牧師、傳道；天主教神職人員神父，舉行家庭聚會禮拜或彌撒。同樣以儀式的方式減輕喪親家屬的悲傷，作為靈性關懷、哀悼的終極實踐。

骨灰罐可以放在家裡嗎？

1.法令規定：

　　殯葬管理條例第七十條：埋葬屍體，應於公墓內為之；骨灰或起掘之骨骸，除本條例另有規定外，應存放於骨灰（骸）存放設施或火化處理；火化屍體，應於火化場或移動式火化設施為之。

殯葬管理條例第八十三條：墓主違反第四十條第二項或第七十條規定者，處新臺幣三萬元以上十五萬元以下罰鍰，並限期改善；屆期仍未改善者，得按次處罰；必要時，由直轄市、縣（市）主管機關起掘火化後為適當之處理，其所需費用，向墓主徵收。[1]

2.民俗禁忌：

人過世之後成為鬼，引鬼歸陰，因此火化後裝載骨灰的骨罐應放置於陰宅供奉；如放置陽宅，對於需安奉於陰宅的亡者以及陽宅子孫，均有不利於運勢之影響。

💬 六道輪迴

佛光山星雲法師在一次接受媒體專訪時說道：「根據《雜寶藏經》記載，人死後投生到善道或惡道是可以預測的。有個四句偈說：『頂聖眼升天，人心餓鬼腹，膝歸畜生道，地獄腳板出。』是說人死後，頭頂上有熱度，表示此人有聖人的境界；眼睛有熱度，表示會升天；胸口是熱的，表示出世為人；腹部是熱的，表示會墮落到餓鬼；如果膝蓋有熱度，會墮落到畜生道；腳底板是熱的，就會墮入地獄。對於這個問題，沒有經過科學驗證也不得而知，不過倒是可以請科學家來試一試。[2]」

從這個偈可以得知，人死後體溫會慢慢的冷卻，即所謂「屍冷」。由其身體最後冷卻的部位，可以得知往生大德到六道輪迴的哪一道。

---

[1] 全國法規資料庫：殯葬管理條例。線上檢索日期：2023年02月18日。網址：https://law.moj.gov.tw/LawClass/LawAll.aspx?pcode=D0020040

[2] 星雲法師，〈佛教的生死學〉，《人間佛教論文集》，2004/12/25。

1. 頭頂腦門的地方還有溫度，最後冷卻，成為聖人。
2. 在兩眉之間的印堂以及眼部的地方，還能溫熱紅潤，會登上天堂。
3. 在胸口心窩的地方還留有餘溫，最後冷卻，下一輩子能再投胎做人。
4. 肚子最後還殘留溫度的，就是輪迴至惡鬼道。
5. 腿部膝蓋最後冷卻的，就是降生到畜生道。
6. 腳底板的地方最後才冷卻的，就是要到地獄道。

綜上所述，雖然我們禮儀人員或師父會知道，就我個人的經驗卻不會特別告知喪家，因為如果在胸口以上仍有餘溫還好，但如果在心口以下呢？既然我們希望亡者能榮登彼岸，自己就該放下世間一切緣分，也讓往生者心無罣礙。我們喪家後續盡力為亡者誦經、功德迴向即可，何必在親人過世之餘徒增家屬困擾，加諸身心煎熬的罣礙。

動土與破土

許多人把動土與破土儀式混淆。當然不知者無罪，畢竟現代人連紙錢的種類與用法，甚至什麼時候該準備什麼祭品、金銀紙錢都不清楚，更遑論使用正式名稱為之。就像在未從事殯葬禮儀服務業之前，我自己也不清楚許多習俗、禮俗事務；我連叔母與舅媽的閩南語稱謂都搞不清楚。[3]

1. 動土：陽宅開工前，尤其是大型建設案，一般都會擇良辰吉時舉行正式的動土儀式。準備香花、素果、三牲、發糕供品、甜食、

3　星雲法師。〈佛教的生死學〉。《人間佛教論文集》。2004/12/25。

壽金、金銀紙錢、經衣、白錢……等，上香祈求土地公、地基主保佑建案工程順利進行。順道一提，陽宅的吉數丈量是以文公尺為之。

2. 破土：陰宅墓地大小、長寬是以丁蘭尺丈量，由地理師依照往生者本命、仙命，也就是四柱（年、月、日、時）看風水、擇地理，定好分金線（子午線）；擇日擇時舉行破土儀式。一樣準備供品，拜山神、土地公……等，祈求墓地風水工程順利進行。當安葬儀式圓滿禮成後，後續由做風水的師父完成立碑、墓地工程，再擇日舉行完墳謝土儀式。謝土及感謝土地公（后土）的保佑，順利讓墓地施工完成。

💬 長輩的稱謂

　　歐美國家對女性長輩的稱謂只有Auntie；對男性長輩的稱謂Uncle。華人世界，對直系血親卑親屬母親之外，女性長輩的稱謂有五，分別是姑母、姨母、伯母、嬸母、舅母。而對直系血親卑親屬父親以外，男性長輩的稱謂也有五，分別是伯父、叔父、舅父、姑父、姨父。

　　參加告別式家奠禮有親屬關係的都會需要配戴頭白巾或雙連巾。就實務上，前來參加家奠禮的親友，禮儀服務人員都會先詢問其與往生者的關係如何稱呼？猶記得有次一位大姊告知我說，稱呼老先生為舅公，我心想，「老先生七十六歲，大姊看起來也五十好幾了，怎麼會稱呼老先生為舅公呢？應該是論輩不論歲吧？」於是我還是好奇地再次向大姊確認一次，才得知，原來臺灣社會的女性會跟著子女這麼稱呼。還真是不經一事、不長一智，許多成長都是在錯誤的經驗中造就出來的。

附錄

殯葬禮儀從業暨
教職感想心路歷程

⊙ 真實的殯葬人生

　　客戶虐我千百遍、我待客戶如初戀。家屬賴我得秒回、我賴家屬是輪迴。曾經接到家屬電話要趕到往生的醫院做接體服務，可是當時適逢下班時間，終於體會何謂北宋抗金名將岳飛被奸臣秦檜下十二道金牌的催促了。我是開私家車，不是救護車，路上不會有任何車輛行人讓道。最後在當年還是以民間救護車接體的年代，接體車明哥協助完成了接體流程。

　　之後歷經多次任何時段的接體服務，發現在丑時凌晨接到服務電話，我就能以最快的速度到達現場，而且車子可以直接停在急診室門口，也不會擔心被拖吊；家屬、接體車都還在趕去醫院的路上，我已經先到達現場。只是凌晨的出勤服務真的是異常疲憊，一早還要出席告別式啊！

　　其實我們禮儀師只是喪禮指導者（Funeral Director）、建議者，並非決策者。我至今服務上千位亡者，信仰非常多元化，有佛教、道教、一貫道、天主教、基督教、日蓮教、創價佛學會、儒教、藏傳佛教、回教等。

　　夏天對於禮儀從業人員又是另一種折磨。全副武裝的出殯，常常站到腰痠背痛、雙腿麻木又腳底板痛。尤其是外場，貼身衣物濕了又算什麼、襯衫濕了又算什麼。整件西裝外套都濕了、汗水從領帶的尖頭滴下。殯葬業就是藉著家屬感恩的一分甜，沖淡工作的九分苦。

　　殯葬禮儀服務業者最想服務的是睡覺，可是「趕快去睡覺」是未來式，「撐住」才是現在進行式。因為忙的時候，當天的第一餐可能已經是深夜了，甚至連續兩、三天只睡三、四個小時。從事殯葬禮儀服務業不到半年的時間，我已經練就一身好本領，隨時隨地都可以睡

覺。可以全副武裝穿著襯衫、西裝褲、西裝、皮鞋、打領帶，隨便一窩都能睡。有時候出殯時兩腳站立與肩同寬，鞋尖朝前動都不動，其實我是張開眼睛在休息啊！只差沒有睡著、打呼而已。當然也有沒事閒到以為時間停止、地球不轉動了呢！有時一天只睡一到兩個小時，當時練就一身只要有空檔時間隨時隨地都可以睡著的功力，這就是最真實存在的殯葬人生。

天色已微亮，看著我們殯葬禮儀服務業者，有凌晨出門協助喪家初終的；有因為看時辰早起前往服務的；有前一晚一直忙碌到現在的；有兩天兩夜沒能好好睡覺的；有超過一個月以上沒休假的。致各行各業辛勤工作的人們，愛你所選、選你所愛；充滿熱情、永不言累。

以身為殯葬禮儀服務業為榮

殯葬業始終處在疫情下最弱勢的一環，當年的SARS已然如此，新冠肺炎相較於SARS，其傳染方式更快速，不需確診，只要帶原即可造成傳疫口。在臺爆發以來，除醫師、護理師……等醫療院所、警消人員以外，確診染疫死亡大體由誰協助安排火化事宜，就是甘冒傳染COVID-19之虞的風險，至死生於度外的喪禮服務禮儀師們。

第一波疫情期間的限制，使家屬在無助期間無法陪伴染疫過世親人，我們也無法提供正常流程的葬禮服務，許多家庭最後一次見到親人是在他們親人遠遠地被大體保護袋裝載送上接運車時；最後只收到一個裝有親人骨灰的骨罐。相信全臺近兩萬禮儀從業人員發自內心的初衷，雖然仍會擔心染疫風險，大部分均會本著初心，以做功德的態度來服務亡者、安慰生者地盡心協助喪家，圓滿其過世親人的喪葬事宜。因為疫情染疫死亡，更彰顯最後一道為確診死亡者服務責無旁貸

的任務。殯葬從業人員「捨我其誰」的意識覺醒，也喚起殯葬禮儀服務業所該擔負起的社會責任。（張榮昌，2022）

但是當禮儀師處理確診死亡者所面臨染疫的高風險時，身、心、靈的煎熬，其生命安全、心理輔導，又倚賴誰來把關維護？新冠肺炎疫情期間，除了第一線的醫護、防疫人員努力不懈，冒死守護最後一道防疫線，最後還有一群默默付出、堅守崗位、沒有離職的殯葬從業人員，為不幸染疫的往生大德、安息弟兄姊妹，服務祂們人生最後的一程。這段期間，如果沒有挺身協助的禮儀師們，社會又該會是什麼狀況？我不敢也無法想像。但我以身為殯葬禮儀人員為榮。

臺灣民間信仰，因為染疫死亡至親大體，在無法送別的情形下先行火化，臺灣民間習俗上稱之為「開弔」。火化後撿骨完成，骨灰罐亦先行迎請至靈堂神主牌位旁暫放，後續仍可依照下列民間信仰執行後續儀式流程，以為靈性關懷的實質作為。

1. 守靈，摺蓮花、元寶。
2. 早晚拜飯。
3. 做七誦經。
4. 圓滿七，做功德法事後燒化紙紮、庫錢。
5. 因為疫情期間，於開弔後，仍可舉行喪家簡易告別奠禮。
6. 藉由後續宗教儀式及正式告別式，撫慰家屬的靈性關懷。

💬 跳槽

剛進入殯葬業，當時我在龍巖集團將近一個月的時間，因朋友在前東家萬安生命位在高雄第一個據點（高雄長庚紀念醫院往生室）上班，因為在高雄有了第二個據點（高雄醫學大學附設紀念醫院往生

室）有職缺，就打電話給我，於是我就跳槽到萬安生命。其實也不能說是跳槽，應該說是轉職。況且我在龍巖待了將近一個月而已，當時的我並沒有那個資格以及專業能力被同業挖角。

　　資歷久了，也承蒙前東家萬安生命輝董、峰總的抬愛升到區主管，坦白講還是那句老話：這特殊的服務業薪水不高、沒有人要做，薪水一樣就找週休二日見紅就放假，不需二十四小時待命、半夜不會接到電話就需起床出勤的工作就好了；還要以最快的速度趕到現場，尤其在冬天過了半夜丑時之後，寒流來襲時掙扎起床，四到五分鐘就要出門，那種人性的掙扎非常煎熬又折磨；因為再疲累、再辛苦、再有事情，我們都得出門，為了可以在最短的時間到達現場。我把長頭

前東家移地教育訓練。

髮剪成平頭，因為喪家親屬過世，我們必須趕到現場協助喪家圓滿親人的最後一程，我沒有整理三千煩惱絲的時間。

朋友、同學消失術

民國90年底，因緣際會進入當時仍然非常禁忌的殯葬業任職，當有些朋友、同學知道我從事這行業之後就不太聯絡了，為什麼呢？記得每年都會舉辦同學會，在國外或移民的同學回國，或在外地工作的同學逢年過節回南部屏東，大家就會相約聚會。同學就問：「你現在從事什麼行業？」我說：「殯葬業。」當下就看見所有人的表情由白翻青又翻黑。其實也不能怪大家，還沒從事這行業之前，確實我也對這行業非常禁忌、避諱，甚至用「恐懼」來形容這行業的從業人員。因為不在其位不謀其職、不謀其政。進入這行業之後才知這行業不能說偉大，但卻是人生不可或缺、必須面對的儀式和必經的過程。

之後同學聚會也不會找我參加了吧！朋友、同學就這麼消失了一段時間，甚至開玩笑，「連握手都怕怕的。」我都笑笑說：「這雙手不知觸摸過多少大體。」事後我回想起來，如果有朋友要向我借錢，我就說：「這是剛收的喪結款。」大概就不會有人敢向我借錢吧！

說起借錢，早期在前東家就有某專員一把鼻涕、一把眼淚的求我借救命錢，結果是拿我借給他的錢去簽牌。賭與毒這輩子絕對都不能碰，因為沒有人賺錢是天上掉下的餡餅，都是辛勤努力賺來的。奉勸各位看倌，決定要借錢給人，就不要想對方會還錢。就當作有餘錢送給人，還錢就當賺到意外之財。雖說欠債還錢天經地義，只是為了討欠債反而幾十年朋友也做不成，那就寧可一開始就不要借。因為太多案例，借錢時是一個嘴臉，要求還錢又是另一副嘴臉。人的一生大概

只有父母親會賜我穿、賜我吃、賜我借錢不用還。

　　事隔多年，大概民國100年左右，從事這行業十來年之後，慢慢的平面媒體、網路媒體、電視媒體的報導，殯葬服務業從民國98年開始有「國家喪禮服務丙級技術士證照」頒發，民國104年發出第一張禮儀師證書，社會上對於殯葬業的觀感也已有所改變。因為有國家級的證照，加上媒體報導殯葬業百萬年薪不是夢。確實這行業二十四小時待命、接觸死亡，若是正常因為疾病過世還好，若是意外或經過一段時間才發現往生者——我沒有不敬的意思。現場人員處理起來或其味道，不是常人能夠承受的。若不是高薪的關係，誰會願意每天面對死亡、面對悲傷、難過、痛心悔不當初的情緒，多多少少從業人員也會受到家屬負面情緒的影響。我們禮儀師要當喪家情緒的宣洩出口，但當我們也有情緒的時候，又有誰來為我們做情緒心理輔導？最後還是得靠自己撫平解決。

　　後來有些同學朋友因為大環境景氣低迷的關係，在工作上、事業上不太順利，慢慢對殯葬業的我也接受了，又開始邀約同學聚會，還說我當初怎麼沒介紹他們去從事此行業？我說：「就算當時我提出，相信也沒人敢說要入行吧！」漸漸地，消失的朋友、同學也開始聯絡了。為什麼呢？因為朋友、同學也歷經親人驟逝，到了後半期我們年紀也近五十歲了；相對的，長輩沒有八、九十歲，也有七十好幾，也會面臨親人過世的狀況。找我服務家族喪禮才知道這行業跟以前不太一樣，從業人員素質已經進步很多。雖然硬體、軟體進步的速度沒有跳躍式、等比級數的進步，至少也有等差級數的進步。因為大專院校生命禮儀科系的成立，殯葬從業人員也有明顯實質的提升。

💬貴人

其實剛踏入殯葬業，我的運氣真的不錯，遇到兩位師父、前輩，也是我殯葬業的啟蒙貴人願意教導我。教我單開治喪規劃書、教我如何談案件，後來我也自費學習天干地支看通書；我也拜師學陰宅風水地理、陽宅風水，可惜也才堪輿五門風水。阮仙仔也成仙做仙仔，雖然就中斷了勘輿羅盤、陰宅風水的學習，但也學到擇日學的基本功。

其中一名師父用閩南語說：「你要自我訓練的業務能力很強，各地的習俗、禮俗都要了然於胸，不然會被有些家屬親友牽著鼻子走。」「忠厚老實的家屬我們就要寬以待人。」艾大學長說：「專業與服務態度才是王道。服務約定的時間一定要比家屬早到、比家屬晚走。」至今我永遠記得要履行這句話。

也因為比同期同事努力，不在乎工作量比別人多、不在乎休假，所以我在學長身上學得比較快，半年後新單位成立我就調單位升任禮儀師。艾大學長在我第一個案件成交時，還特地趕來單位陪我談第一次與家屬的治喪協調，全程都不說話的他，在事後才告訴我需要修正治喪協調的方式。他說不能幫我談案件，必須由我自己累積經驗，甚至是失敗的經驗，如此我才能知道自己的問題所在，並改正缺點。這件事我一直心存感激。出了社會，人家幫忙是情誼，不幫忙是人性。

成功學理論中有一種「一萬次定律」，意思是說，在相同的事情做一萬次，就有可能成為這個事情的專家。總不成做菜一萬次就能成為米其林三星主廚；開車一萬次就能成為F1一級方程式賽車手；讀詩一萬次就能成為詩人作家；念書一萬次考試就能一百分。其實這只是基本功，不代表一定可以成功。反而要在失敗中記取教訓，才知道錯誤點，也才能改正錯誤。

之後我從菜鳥禮儀師到資深禮儀師，我也秉持傳承的態度來教育新進同仁。雖然「我本將心向明月，奈何明月照溝渠」，但師從的理念仍深深烙印在心裡。

理想與現實

理想與現實真的無法兼顧，就像愛情與麵包，任何選擇都會是個遺憾。

「人在人情在」是常態，也是正常不過的人性。堅強不是面對現實、悲傷、無奈而不流一滴淚，而是擦乾眼淚後繼續微笑去面對往後的生活。

當主管或同事，無論是上司、下屬、平行單位橫向溝通，就算親如五倫亦同。能幫的就幫，除非已無可救藥、病入膏肓，就讓他自生自滅；你為了對方著想，他還覺得你雞婆。這個社會就是這麼現實，好心當成驢肝肺。

當主管是先把自己的工作做好，行有餘力再處理其他的人事物。規章制度公事公辦就凡事好辦，其他每個部門體制有該負的責任，該如何處理該部門就會怎麼處理，如果依然故我，我們也仁至義盡了，何必庸人自擾，自有公司制度因應，不用那麼大的壓力。這個世界沒有我們一樣運轉；有事情發生，不一定是壞事，因為你才能知道誰虛情假意、滿口仁義道德；誰真心誠意，有些關心只是內斂不善表達。

越來越覺得網路上所謂的「心靈雞湯」不過是種慢性毒藥，看似鼓勵了人心，其實是漸漸侵蝕內心的真實感受。世間所有的人、事、物都是需要經營的，而不是直接就交給命運。一命、二運、三風水、四積陰德、五讀書；積善之家必有餘慶、積惡之家必有餘殃。行善積

德是可以逆天改運的。都說我命由我不由天，經過努力或許可以人定勝天，或許吧！我也不確定，因爲到目前爲止我一直都在窮忙。

💬 生命教育

簽署完放棄急救同意書的當下，手是顫抖的、心是淌血的、人是茫然的、眼是朦朧的、腿是癱軟的、紙是濕透的。在這最殘忍的那一刻，發現自己是多麼渺小而無能爲力，無助地看著祂頭也不回地離開，只能依賴禮儀師的到來與治喪期的協助與陪伴。生命教育最主要的目的，就是教我們如何好好地活著，並面對親人、朋友以及自己的死亡問題。生死議題確實有些沉悶，但以曾經身爲喪家的同理心來感同身受，才確定勉強爲之。

我們要常把「I LOVE YOU」這個字說出口：「ME TOO」。千萬不要想說的時候已經沒有機會、來不及了。不是濫情也不是矯情，而是眞實表達出自己內心的情感。你不說對方怎麼會知道呢？我以爲對方會知道我的意思。對不起！誰都不是你肚子裡的蛔蟲，怎麼會知道你有幾個意思？

「生命的意義在創造宇宙繼起之生命。」這是背誦了幾十年的答案。那麼生命的意義到底是什麼？最後我想通了：生命是條漫長的不歸路，雖然生不帶來、死不帶去，但生命的意義在於每天都對這個世界充滿熱情，不只是爲了活著。而人活著就是爲了吃飯，從出生的小baby要吃滿月飯、週歲飯；一個人每天早、中、晚飯、下午茶、宵夜；約會需要吃飯、看完電影要吃飯；訂婚宴、結婚喜宴；最後人到過世後要拜腳尾飯；爲亡者要準備早晚拜飯、做七誦經、功德法事、出殯奠禮要準備祭品以及六菜飯或十二菜飯（五味飯）；返家安神主

也需要準備飯菜；喪禮圓滿禮成，家屬要吃團圓飯、除穢飯；百日對年、逢年過節都需要闔家圍爐吃年夜飯。人生許多儀式都是在餐桌上完成，因此人活著就一定得吃飯。所以臺語俗諺才會說：「吃飯皇帝大。」

💬 全部集合～半日功德昌

　　菜鳥通常是在不熟悉以及錯誤當中學習到本職學能的經驗，經上述一事，我體會出「嚴師出高徒」的道理，也因此，我往後對待新進同仁都會以非常嚴厲的方式教育，造就我「半日功德昌」、「魔鬼處長」的稱號。因為當時只要單位出狀況或被投訴，我就會全員集合罵人，每次都半天四小時甚至以上，就像佛、道教做半日功德的時間一樣；有時候還能罵成全日功德的時間。後來漸漸地，全日變成半日、半日變成一個七的時間（約兩小時）；再後來只有豎靈的時間（約一小時）；最後只剩下唸一次《波若波羅蜜多心經》的時間；最終已功力盡失。

　　當時我管理的單位同仁最害怕一件事，就是我到單位喊一聲：「全部集合。」也有較資深的專員會來跟我協調說：「副總啊！為什麼別人犯錯，我們也要跟著一起被挨罵？應該針對犯錯的同仁檢討就好，對我們沒犯錯的人不公平啊！」

1. 你們沒有把新進同仁教好，以致菜鳥犯錯，老鳥當然有責任。
2. 單位同仁是生命共同體，單位任何人出狀況所有人都需要承擔，出事我也同樣得承擔責任；甚至如果發生嚴重狀況，當事人可以引咎辭職，而我沒有資格甩耙子走人，就算要走，也是把事情處理好、處理完再走；更何況承辦喪禮服務，有些事情我不一定有

能力處理，所以我只好確保它不會發生，那就不需要處理了。

3. 你們可以保證不會犯相同的錯誤嗎？

4. 我說錯可以糾正我。

5. 不愛聽可以反駁我。

喪禮服務——禮儀師證書。

專員們說，「我們並不能保證不會犯相同的錯誤，但我們是不愛聽也不爽聽。只是誰敢反駁啊！「官」字兩個口，怎麼說都是主管有理。又不想找死，我們求生慾很強烈的。」雖然當時我並沒有聽到這些話，事後同單位禮儀師才告訴我這些。幾年之後我才徹底了解，這樣的教育以及管理方式是錯誤的，也讓我吃了不少主管用人哲學錯誤的苦與虧……，需要自己氣到血壓飆高到181、頭痛欲裂嗎？

民國103年我參加第一次「喪禮服務乙級技術士考試」，術科不及格，就聽聞同仁私下說：「當主管又怎麼樣？南部最資深的又怎樣？還不是沒考過，又有什麼了不起的。」當下聽到快氣炸，但是心想，「人家陳述的是事實，我確實沒考及格啊！」又沒有誣衊，我更無法反駁。於是痛定思痛，花費非常多的時間精神苦讀、練習，甚至考試前一晚十點多，我還去單位練習摺國旗，終於第二次考試通過了，順利於民國104年換證取得禮儀師資格。其實這種不得不考取的壓力，反而是鞭策我努力達成目標的動力。別人看不起我沒關係，自己要爭氣，而不是自顧自的生氣。

職場倫理

到大仁科大任教之後，我才深覺，只有學校教育，老師們必須得掏心掏肺、知無不言、言無不盡的教授。殯葬服務業第一線同仁不僅有薪資，還能學到專業本質學能，可謂一舉兩得。當然並不是每位資深學長、主管都願意教，那你是不會自己偷學嗎？就不能做到學長、主管不教你會不好意思嗎？要記得，學到的永遠都會是自己的。

職場倫理文化裡有種喪失競爭力的劣質鴕鳥心態：會的事情越多就會做得越多。但你有沒有想過，如果你會的越多，未來你的競爭

力；你的選擇權、話語權就越高越多。企業請你來公司不是讓你來學習的，而是讓你來為公司創造利潤營收，並獲得相應的薪資報酬。如果一家公司付你五萬元薪資，試問你有替該公司賺取超過五萬元的利潤嗎？營運健全的公司不僅替員工投保勞健保，雇主還要提撥6%的勞退基金。

先不要問公司為你做了什麼？要捫心自問自己為公司做了什麼？有人會說我們都被老闆利用賺錢，但我卻認為，如果我們沒有被雇主利用的價值，就回家吃自己了。不是每個人都適合當老闆，那麼員工從哪裡來？當然員工有壓力，只是當老闆的壓力更不是一般人能承受得了的。以前我是先做事不太會做人，現在我想先做人再做事。

工作久了總會少了一些激情與積極，說穿了就是懶惰了。看人要隱惡揚善，身為老闆要的是結果，但是員工看的是過程，勞資雙方基本上是對立的。勞方希望工作輕鬆、見紅就休、永不加班、最高薪資；資方希望員工任勞任怨、責任制度、主動加班、最低薪資。如果勞資雙方都站在對方的立場換位思考，員工把工作當事業，而不是職業；老闆把員工當成合作夥伴，創造共同的利益最大化；最終都會在雙方都可以接受的條件下找到平衡點。

晚睡晚起的人是害怕新的一天到來，早睡早起的人是以全新的心態迎接新的一天到來。每一個老闆對員工是忠是奸、是儒是道、是善是惡，骨子裡看重的都是員工為公司創造了什麼價值？因為我們必須創造自己被利用的價值。

💬 企業責任

其實在東家行業待了十年，真的會有職業倦怠，產生了離職的念

頭。總裁告訴我：「張榮昌，你有職業倦怠可以甩耙子走人，難道我就沒有倦怠感嗎？可是我能放棄嗎？公司有五百名員工，我也有公司營運的壓力。把公司收了不是五百名同仁都沒工作，是五百個家庭頓失經濟收入，影響的是兩千人。你知不知道？這是我當公司總裁的企業責任與職業道德。你才十年就累了，我二十多年了，我不累嗎？我也很累啊！」

所謂「聽君一席話，勝讀十年書」。總裁之所以能擔任總裁，確實有其過人的為首之道。這番話讓我震撼了！原來當時我的思想格局太狹隘，不足以擔當大任，這才是最真實存在價值的心靈雞湯。能力越強、職位越高、責任越大；捨我其誰、責無旁貸。

原本我請求先休個五天假，自己好好想一想；總裁要我休十天假。結果這十天一樣一早就起床，還想著要去上班，說穿了我就是天生的勞碌命。其實當時總裁的震撼教育讓我打消了離開的念頭，休完假又回到忙碌的職場，繼續日以繼夜的值班、接體、治喪、協調、服務、圓滿、喪結、百日、對年。

無法教育的同理心，只有親身經歷過才透徹領悟

常常教育學生，人生是從出生就開始走向死亡，只是每個人走的時間長短不一樣。死亡終點是不可逆的，不要有遺憾、虧欠、後悔的人生，才有機會死而無憾。一生追求瀟灑轉身離開、死時含笑而終，試問在我走到人生的盡頭之前，是否還能擁有？我祈求能得到答案，卻又有誰能告訴我？撕心裂肺的痛、無語問蒼天的吶喊、無處宣洩，上天祢聽到了嗎？原來所謂的「同理心」是無法用想像就能夠趨近體會，真的只有親身經歷過，才會了解什麼叫做言語無法形容的錐心刺痛。

爲什麼有人藉由藥品來暫時忘卻痛苦悲傷？原來眞的是源自於人空虛的無所適從，以爲可以短暫麻痺悲傷帶來的淌血，卻不知已經慢慢地侵蝕所剩無幾的強韌。男兒有淚不輕彈，只是未到傷心處。而男人淚已是內心崩塌的谷底與情緒頂峰後的加乘作用，止不住也擋不了，最後只能潰堤成河、泛濫成海，淹沒最後一絲隱忍的堅強。

　　「樹欲靜而風不止、子欲養而親不待」，先慈喪禮渥蒙大仁科技大學郭代瓚校長、林爵士副校長、校內同仁、屏東縣政府勞動暨青年發展處黃鼎倫處長……等各級長官、親朋好友的親臨弔唁；前東家萬安生命輝董、王執行長……等昔日長官的關心與慰問，今日（110年05月12日）已圓滿禮成。無法一一言謝，謹代表家人與先慈向各位表達十二萬分的謝意。願眾生平安喜樂、一切順心。十天的日夜治喪守靈，是爲人子女應盡的責任義務。然而身兼承辦者、家眷，我眞的累了。

重回學校

　　民國104年，踏入殯葬業十四年，漸漸發現所學不足。殯葬業的禮俗、習俗不能只知道怎麼做，也就是所謂的know how，而是要探究爲什麼要這麼做。除了實務經驗，需要再增加學術上的涵養基礎。於是我回到學校，選擇就讀大仁科技大學生命關懷事業學士學位學程（民國110年改設系爲「生命禮儀暨關懷事業系」），大學課程只是初探學問，研究所才有那麼點研究、做學問的學術內涵。

　　於是民國106年畢業後，我接著就讀文化創意產業研究所。因爲當時我還在前東家任職，有時工作繁忙無暇寫論文。研究所最後半年，爲了完成論文，也不知道哪裡來的勇氣，五十歲的我毅然決然離開任職十八年的公司。當然非常感恩前東家輝董、峰總的成全，讓我

得以完成家父的心願、完成研究所學位。

　　另外也要表達我對論文指導教授林爵士教授的感謝之意。有時工作一忙沒時間完成上次老師在論文上的多處指正，只修改了一處印成紙本的論文初稿，老師隨便翻一翻就發現沒有完全改正。每次因爲論文被老師唸，就拖著老師去校外抽菸解決。我心想，「薑眞的還是老的辣，看paper的功力很可怕。」老師隨便翻個幾頁paper就能發現問題，果然我又草率了。人總是會有惰性，在這麼強悍的指導教授眼皮底下，一點打馬虎眼的空間都沒有。因此在沒辦法打混摸魚的情況下，我花了兩年才得以順利完成論文、通過口考取得學位。

轉換教職

　　當年因緣際會於2001年進入萬安生命，開始二十三年的殯葬人生，歷經禮儀專員、禮儀師、處長、經理、晉升至高雄二部副總經理，已服務上千位往生大德家族。漸漸有了領悟：人生不能打掉重練，一輩子總要爲自己活一段時間。

　　唯恐自己產生「會當凌絕頂、一覽眾山小」的夜郎自大，更體會出人應該永遠保持空杯、空箱的狀態。空杯容水，空箱儲物，一個人虛懷若谷才有容人、容事、容物的雅量。在唐代名臣魏徵死後，唐太宗悼念他時說：「夫以銅爲鏡，可以正衣冠；以古爲鏡，可以知興替；以人爲鏡，可以明得失。魏徵逝，朕亡一鏡矣！」有人說：「路要順著走，才不會遇到逆境。」但我覺得要逆風，飛機才能順利起飛，因而離開任職十八年的萬安生命。內心很感謝前東家的栽培，但是離開公司保護的象牙塔後，更能體會90%的傳統殯葬禮儀服務業經營型態模式。近水知魚性，近山知鳥音。

承蒙恩師林爵士副校長引薦至大仁科技大學生命禮儀暨關懷事業系，日間部四技、進修部二技授課，也對學生掏心掏肺實踐了傳承與經驗分享。老師教學評量成績還行，學生們真心地體會到我的無私分享，因為他們以後都有可能成為殯葬業從業人員，對人格特質與職業道德的淺移默化，才是我在教學當中隱喻的精髓。

　　做一個好人，跟做好一個人是不一樣的。一個人深諳所有做壞事的方法套路，卻能夠努力控制不犯錯並繞道而行，才能獲得別人的尊重、提升產業及從業人員的社會地位。雖然近年來簡葬風氣盛行，前文化部龍應台部長說：「如果沒有憑弔的標的對象（牌位、骨罐、告

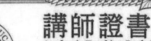

講字第 151192 號
REG.NO.:151192

講師證書
Academic Teaching Rank Accreditation Certificate Lecturer

張榮昌　身分證字號：██████　中華民國███████生
由大仁科技大學送審並經本部依專科以上學校教師資格審定辦法審定
合於講師資格，年資自110年10月1日起計

The application for Mr. JUNG-CHANG CHANG at Tajen University to be conferred the rank of Lecturer has been reviewed by the Ministry of Education, in accordance with the Accreditation Regulations Governing Teacher Qualifications at Institutions of Higher Education. The Ministry of Education has approved the conferring of the academic teaching rank of Lecturer on Mr. JUNG-CHANG CHANG, effective from October 1, 2021
ID Number:T120241988
Date of Birth:February 9, 1970
Date of Issue:October 1, 2021

部長 潘文忠
Wen Chung Pan
Wen-Chung Pan
Minister of Education
Republic of China (Taiwan)
中　華　民　國　110

部定講師。

大仁科技大學　生命禮儀暨關懷事業系　班服。

別奠禮……），可能家族間的聯絡就中斷了，臺灣僅存的人倫關係將
蕩然無存。」

　　沒有教不會的學生，只有還沒找到教育學子方法的老師；在活化
修正創新教學中，找到每個學生不同的學習密碼。人與人之間都應本
著利他主義來產生互動，相信這個社會將更加和諧。專職教學讓自己
有更多元的歷練，可以增添斜槓人生、補滿本業的完整基因。人不一
定要很厲害才能開始，但一定要先開始才可能很厲害。稱職比職稱更
重要，也更有價值。人生重要的不是當下所站的位置，而是努力朝正
確方向前進。萬物不爲我所有，卻能爲我所用。

☺ 學生的畢業感言

　　任教的第一年因為許多學生在課堂上說：「老師，您服務了上千位亡者，一定有很多故事，怎麼不寫本書呢？」這件事影響了我，於是產生了寫書的念想。一本是有關二十多年的殯葬從業故事；一本是探討有關喪葬民間禮俗、習俗。於是開始重回夜貓族的生活，白天教書，入夜窮酸書生，因為似乎只有深沉寂寞的夜深人靜、燈火闌珊、香煙裊裊的相伴，少了日間的酷暑煩躁，暫時壓抑人世間情感的交疊紛擾，恰似風來了、雲走了，拂亂了樹枝。其實風沒來、雲也未走、樹更未動，而是自己的心動容了，如此才能文思泉湧寫paper。只是key鍵盤造成舊疾復發。

　　記得第一次手腕疼痛異常去看中醫針灸、電療、復健，醫師說是媽媽手。我還開玩笑地說：「大男人還『媽媽手』，我還『阿伯手』勒。」原來是長期key鍵盤造成俗稱的「媽媽手」，無法預估一年亦或是兩年可以完成這本書，也沒有「一言興邦、一言喪邦」的文字影響力，只是想在有限生命裡，為自己在殯葬業留下一些經歷紀錄與刻畫回憶的故事，證明自己還活著。先完成第一本書再說吧！

　　眨個眼，轉瞬間飛快的兩年就這麼過了，我擔任導師班的大仁科技大學，生命禮儀暨關懷事業系二技班，於2023/06/17舉行了畢業典禮。送同學們離開校園，履行了入學時陪同學到畢業的承諾，更祝福各位同學：心想事成、鵬程萬里、江湖再見。其實心裡有些失落與感傷，每年的畢業季或許都得再次循環發生。隨著畢業典禮的即將到來，學生的期末作業讓我看了失落感油然而生，因為終究還是要送學生們出校園，緣分的休止符也為此畫下了完美的句點：

1. 最後非常感謝帥氣又幽默的榮昌老師，感謝緣分讓我們認識、感謝緣分讓我成為您的學生。雖然我常因公事沒到課，但您的課是真的非常有趣且「寫實」。祝我畢業快樂。哈哈！

2. 最後要對榮昌老師說：謝謝您！在教授生命儀式的同時，也正在用自身歷練與職業涵養展現給我們做典範。我接收到許多正面能量並滋養生活，很榮幸作為老師的學生。祝福老師如意順心。

3. 感謝良師益友張榮昌老師，剛上二技時殯葬文書方面完全不懂，是老師您用心、耐心的指導，讓我更了解要如何處理殯葬文書。
   榮昌老師：剛認識您的時候，我與同事已經冷戰一年。與老師聊天時，您的一句話讓我心中對人與人之間得來不易的緣分有了全新的體會，心解打開、不再有恨和怨。您是我的貴人與恩人，要好好地謝謝您！

4. 感謝帥導這兩年來的諄諄教誨，雖然普通帥，卻很有造型。

5. 兩年的學校生活，感謝一再的教導、提醒，被我奪命連環追魂call催促解答試題，不厭其煩被我輪迴發問的榮昌老師。如果沒有您的因材施教，就沒有今天能考上喪禮服務證照的我。感恩相遇，不負遇見。

💬 喜極而泣的值得

從事大仁科技大學生命禮儀暨關懷事業系的教職，就是培養未來的喪禮服務禮儀師。而輔導學生考取喪禮服務丙級、乙級技術士證照，也是教學重點之一。然而考試技巧與重點解析只占二成，八成是靠學生自己努力不懈，才完成考取的夢想。曾經請考取的同學在課堂上分享心得：練習、練習、再練習；讀書、讀書、再讀書……。這不

是廢話嗎？但卻是事實。民國104年我自己喪禮服務乙級術科也是考第二次才通過，第三站司儀主持實務寫的司儀稿，當初考前自己練習已超過百次以上了。

　　每次考試，我比學生還緊張，術科考試一結束，隔天題目公布，學生就急著要求我們這些老師盡速解題，搞得我都緊張兮兮。隔了三至四週後，勞動部勞動力發展屬技能檢定中心開放電腦系統查詢成績時，心中忐忑不安，都快嚇死寶寶了！當知道學生們通過考試，坦白講是我這些日子以來最高興的一刻，感覺自己好像中樂透頭彩，我應該會笑到學生畢業典禮。

　　「老師辛苦了。謝謝您！」不客氣嘿！總歸還是你自己考試及格的慾望，一直鞭策自己才找出問題，不用心念的根本不會知道有什麼不懂的問題。其實有好的結果，我不辛苦，因為值得。壓力釋放了很輕鬆，也可以放下心中大石。高興到喜極而泣，原來高興快樂這麼簡單，卻也困難重重。因為喪禮服務乙級技術士考試非常困難，及格率不到10%，能一次考及格的微乎其微。擔任教職以來，每次都是放榜的那一刻最有成就感，但同時也可能最感傷。

　　「親愛的老師，我考過了！好開心哦！我術科及格了，可是分數應該沒有很高。」

　　我：「滿招損，謙受益，時乃天道，日盈昃月滿虧蝕……天地尚無完體，及格就好了啦！我也為你感到驕傲。你證明自己可以，我也履行了對你的承諾。」而在教育界也劃下完美的驚嘆號、句點，筆墨難以形容於萬一的好心情。教職生涯夫復何求、仰天長嘯，我想這就是了吧！為了要表達感謝之情，心意收到就已足夠，最後拗不過盛情難卻，要請我吃飯，挑了便宜點的餐廳，只為不想讓其太過破費。

💬 文獻探討

　　為了寫書，好像回到念研究所寫論文的歲月。看了很多書，也學習如何寫書，還真像是文獻探討般。聽了一位致力於弘揚中華文化、探究鬼谷子智慧、著力於國學商道的學者——蘭彥嶺老師的視頻演講，才覺得自己的國學常識還真是一貧如洗，老祖宗留下來的詞句我都謬解了。

1. 最毒負人心；「不是最毒婦人心」。

　　註：負心的人才是最毒。

2. 女子無才，辨是德；「不是女子無才，便是德」。

　　註：女子雖無才幹，但能明辨是非，就有德行。

3. 人不為（ㄨㄟˊ）己，天誅地滅；「不是人不為（ㄨㄟˋ）己，天誅地滅」。

　　註：人不學習增進自己的修為，就會被天地所淘汰。

4. 無尖不成商；「不是無奸不成商」。

　　註：以前做生意丈量商品的秤桿一端要尖起，意思也就是說，寧可商品重些，也不可以偷斤減兩，才會有回頭客的商機、永續經營。

5. 自己加一句：無度不丈夫；「不是無毒不丈夫」。

　　註：沒有度量的人成不了大丈夫。

💬 殯葬事業未來發展之我見

　　根據內政部統計處資料顯示，民國111年死亡人口數首次突破20萬人，為207,230人，每天有568人死亡，每小時有24人往生。亦即在臺灣，平均約每2.5分鐘就有一人死亡。

1. 依據內政部全國殯葬資訊網統計：目前民國112年全國禮儀師人數

為1,243人，全臺禮儀公司家數為3,996家。

2. 截至2023年，臺灣已成為高齡化社會。

3. 預計2025年，臺灣正式進入超高齡社會。

4. 1945年戰後嬰兒潮因素，依據內政部統計處資料顯示，死亡人口數將逐年遞增。

5. 茲因經濟蕭條，眾所周知少子化現象日趨顯著，出生人口數下降的問題衝擊著臺灣社會。

6. 據此生命禮儀事業有其大環境造就之成長空間。

7. 截至2022年底為止，全臺人口數已倒退至23,264,640人。殯葬禮儀服務業即將邁入黃金十年，甚至可達二十年以上。

年（民國）	死亡人口數	出生人口數	人口成長數	全臺人口數
108	176,296	177,767	1,471	23,603,121
109	173,156	165,249	-7,907	23,561,236
110	183,732	153,820	-29,912	23,375,314
111	207,230	138,986	-68,244	23,264,640

作者製表。

領悟

　　古有三國曹植七步成詩，今有三杯黃湯亂語胡言，復又吞雲吐霧、附庸風雅，實為胸無點墨、不知所云。生死之間總有感人肺腑的故事，也有讓人憎恨不肖的情事，就非要發生不可逆的狀況才能醒悟嗎？我能給別人最好的禮物就是自己陪伴的時間，因為給了時間，就等於給了自己拿不回來的一部分生命。

這本書像雜記、像回憶。歷經將近兩年的時間，常夜半孤燈、寂靜環繞，經過無數個夜晚晨昏、歲月寒暑孤獨的寫書。

1. 錯過不是錯了，而是過了。至少不是錯了，而我也已經不再害怕，可以坦然面對失去的親人。更何況人原本就一無所有，所有經歷的人、事、物本來就都未曾真正屬於我。留下這些美好的回憶就足夠了，人生終點不也一無所有的離開人世間嗎？

2. 感謝所有在我生命過程中出現的每一個人。老病死生、酸甜苦辣鹹樣樣嘗過，已不枉此生。一生何求？無悔、無怨、無憾。

3. 先慈突然的離世，讓我沉淪、低迷、失志了好長一段時間，過著強顏歡笑的日子。經歷一些人事，才逐漸走出陰霾。對於這段期間對我鼓勵、陪伴的至親好友，我感恩，謝謝您！

4. 願以此書獻給我這段人生所有的緣分，所有遇到的人、事、物。十年修得同船渡、百年修得共枕眠。意思是說，十年才修得搭同一班高鐵上臺北。當各位有緣人看到這本書，表示少說我們修了二十年以上的緣分。姑且不論是善緣還是孽緣，總是茫茫人海2/23,264,640的緣。祝福您與您愛的家人，平安、健康、喜樂、順心。

5. 終於完成人生所寫的第一本書。近期總是在授課過程中會突然想起這二十幾年承辦喪禮的故事，寫到欲罷不能。但不能再寫下去，有些故事就留到下一本書再繼續寫唄！

6. 最後要感謝對於本書寫推薦序的大仁科技大學郭代璠校長，以及先期審閱、校稿九萬餘字的關心者。

7. 生命送行的領悟，需要練習的告別，人生走到了最後，終究要生離死別。請讓我自私一回，我要先走，我承受不了後走的悲痛莫名。我人生畢業典禮那天，希望大家可以笑著來告別，笑著說再

也不用聽我碎碎唸、又要罵人了。常常寫書到天亮，我知道距離死亡又近了一天。請記得我要洗禮體淨身SPA，我要乾乾淨淨地走。幫我貼雙眼皮、畫眉毛；也別忘了我也要穿Giorgio Armani整套的西裝、BURBERRY的襯衫、GUCCI領帶、HERMES領帶夾、領帶環、Montblanc的袖扣、甩尖子的尖頭皮鞋；我要帥帥的走。以上如果費用太貴，就請糊紙店幫我客製化燒給我也行。順便燒個十億以上的庫錢、花園別墅洋房，我要當億萬富翁。親愛的家人、至親好友，當曲終人散的時候，我們都要好好的。如果有一天還是要分離，你要答應我，你會好好的；而我也答應你，在另外一個世界，我會好好的。珍重再見！

參考文獻

期刊

張榮昌（2022）。從疫情的死亡反思禮儀師臨終關懷及悲傷輔導。大仁科技大學 2022生命教育與跨領域學術研討會論文集，頁137、145。

專書

鄭志明、鄧文龍、萬金川（2012）。殯葬歷史與禮俗，新北市蘆洲區：國立空中 大學，頁54。

網路

全國法規資料庫：殯葬管理條例。線上檢索日期：2021年11月15日。網址： https://law.moj.gov.tw/LawClass/LawAll.aspx?pcode=D0020040

重新認識周公「制禮作樂」的歷史貢獻和現代意義。線上檢索日期：2022年01月 02日。網址：https://kknews.cc/history/r5kq8gv.html。

我說孔子是殯葬業鼻祖，你信嗎？線上檢索日期：2022年04月25日。網址： https://kknews.cc/other/5n9y8g6.html。

生命禮儀。線上檢索日期：2022年06月28日。網址：https://www.newton.com.tw/ wiki/%E7%94%9F%E5%91%BD%E7%A6%AE%E5%84%80。

歌名：《約定》，演唱：周蕙，作詞：姚若龍，作曲：陳小霞。福茂唱片音樂股 份有限公司出版發行。

歌名：《男人哭吧不是罪》，演唱：劉德華，作詞：劉德華，作曲：劉天健。博 德曼股份有限公司（BMG Music Taiwan Inc.）出版發行。

全國法規資料庫：殯葬管理條例。線上檢索日期：2023年02月18日。網址： https://law.moj.gov.tw/LawClass/LawAll.aspx?pcode=D0020040。

Note

Note

國家圖書館出版品預行編目(CIP)資料

殯葬禮儀與實務：生命送行的領悟、需要練習
的告別/張榮昌著. -- 初版. -- 臺北市：
五南圖書出版股份有限公司, 2024.07
面；　公分
ISBN 978-626-366-463-0(平裝)

1.殯葬業　2.生命禮儀

489.66　　　　　　　　　　112013131

1BFA

殯葬禮儀與實務
生命送行的領悟、需要練習的告別

作　　者 ― 張榮昌

企劃主編 ― 黃惠絹

責任編輯 ― 魯曉玟

封面設計 ― 封怡彤

出 版 者 ― 五南圖書出版股份有限公司

發 行 人 ― 楊榮川

總 經 理 ― 楊士清

總 編 輯 ― 楊秀麗

地　　址：106台北市大安區和平東路二段339號4樓

電　　話：(02)2705-5066　　傳　　真：(02)2706-6100

網　　址：https://www.wunan.com.tw

電子郵件：wunan@wunan.com.tw

劃撥帳號：01068953

戶　　名：五南圖書出版股份有限公司

法律顧問　林勝安律師

出版日期　2024年7月初版一刷

定　　價　新臺幣300元

經典永恆・名著常在

五十週年的獻禮——經典名著文庫

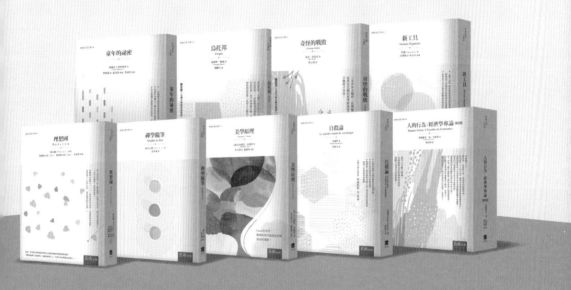

五南，五十年了，半個世紀，人生旅程的一大半，走過來了。
思索著，邁向百年的未來歷程，能為知識界、文化學術界作些什麼？
在速食文化的生態下，有什麼值得讓人雋永品味的？

歷代經典・當今名著，經過時間的洗禮，千錘百鍊，流傳至今，光芒耀人；
不僅使我們能領悟前人的智慧，同時也增深加廣我們思考的深度與視野。
我們決心投入巨資，有計畫的系統梳選，成立「經典名著文庫」，
希望收入古今中外思想性的、充滿睿智與獨見的經典、名著。
這是一項理想性的、永續性的巨大出版工程。
不在意讀者的眾寡，只考慮它的學術價值，力求完整展現先哲思想的軌跡；
為知識界開啟一片智慧之窗，營造一座百花綻放的世界文明公園，
任君遨遊、取菁吸蜜、嘉惠學子！